［明解入門］ 流体力学 第2版

杉山 弘 ［編著］

松村 昌典・河合 秀樹・風間 俊治 ［共著］

森北出版

第2版まえがき

　本書は，2012 年の発行以来，幸いにも，累計 7 刷を経ることができた．この間，貴重なご意見などを読者諸氏からお寄せいただいた．今回の第 2 版では，お寄せいただいたご意見などを反映し，より読みやすく，よりわかりやすい入門書となるように 2 色刷りとした．これらのことより，初学者にとって馴染みのないわかりにくい流体の動き，すなわち流体の流動のようすがイメージでき，明解に理解できるようになると思う．

　内容についても全体を見直し，とくに 3.8 節の「流体の回転と渦」の基礎概念について，また第 7 章の「管路内の流れ」，主に 7.8 節の管路網について，初学者がより理解できるように書き改めた．

　本書が，学生諸君や若い技術者，および一般の方々の流体力学の理解にいささかでも役に立てれば，幸いである．

　最後に，本書を出版するにあたり，たいへんお世話になった森北出版の諸氏，とくに加藤義之氏，および 2 色刷りに関する初期の打ち合わせでお世話になった大橋貞夫氏にお礼を申し上げる．

2020 年 9 月

著者代表　杉山　弘

まえがき

　水と空気で代表される液体と気体を総称して流体といい，流体が運動することを流れという．流れ現象は，身のまわりから宇宙にいたるまで非常に広い範囲でみることができる．たとえば，自然界では，川・海流・津波などの水の流れ，風・台風・竜巻などの空気（大気）の流れ，日常生活では，水道管内の水の流れ，産業・工学の分野では，自動車・航空機・船などの乗り物まわりの流れ，製鉄・精油・製紙などの各種プラントにおける装置・機械・配管系内の流れ，家屋・ビルディング・橋などの建築構造物まわりの流れ，宇宙規模では，気象・流れ星・星の爆発現象などでみることができる．

　流体力学は，静止した流体の物理的性質や，流れている流体の振る舞いや性質を理解し，流れを予測・制御し，人々の生活や産業に役立たせる学問であり，上述の分野を扱う機械・航空宇宙・土木・建築・空調・化学工学などや，地球物理・天文学などにおいて重要である．また，最近では，自然エネルギーを含むさまざまなエネルギー問題への技術的対応，地球環境問題，鳥類・微小生物まわりの流れや，血管内の流れなどを扱う医工学，野球やサッカーのボールなど，球まわりの流れ現象などを扱うスポーツ工学，および半導体製造などの各種先端科学技術の分野において，流体力学は重要性を増してきている．

　最近，工科系大学における学部教育に関しては，大学および大学院進学率の上昇とともに，下記の点が非常に重要となってきている．

- 工科系専門教育の動機づけ
- 基礎学力の向上
- 社会のグローバル化に対応する技術者教育

　本書は，このような事情を背景にし，工科系学部学生1～2年生，工業高等専門学校の2～5年生を対象に，上記の諸点を念頭において，執筆したものである．

　本書の特徴は，

①　初学者が流体力学に興味を抱くように，多くの箇所で，学習の動機づけや学習の意義を理解するための記述を行っていること．

② 静止または流動している流体現象の本質が理解できるように，とりあげる項目を精選し，とりあげた項目に関しては，十分な考察と説明を行っていること．

③ 物理学と力学の初歩（高校卒業レベル）から出発し，流れの物理現象の本質を懇切丁寧に説明していること．

④ 大学や工業高等専門学校で教える，標準的な流体力学の基礎のレベルを維持していること．

⑤ 比較的やさしい問題からやや難しい問題を各章末に設け，また詳細な解答を巻末に入れ，本書の内容が理解できるように配慮していること．

などである．

　本書の構成と内容は，つぎのようになっている．本書の前半である第1章～第5章では，流体の密度が変わらない非圧縮性，流体の粘性が無視できる非粘性流体の一次元的な流れを主にとりあげ，流体の基礎概念，流体運動のとり扱い方，流れている流体のもっている性質や法則・定理およびそれらの応用について述べる．後半の第6章～第8章では，粘性流体（水・油・空気などの実存する流体は，"粘っこさ"という，いわゆる粘性をもっている）の流れの特徴や基本的性質について述べる．具体的には，管路のなかを流れる流体の圧力降下として現れる，流れている流体のエネルギー損失や，流体中を移動する物体の"形状"と"流体が物体に及ぼす力（流体力）"の関係，この流体力の発生メカニズムと応用などについて述べる．

　本書の執筆にあたり，4名の執筆者が，執筆の方針と進め方について，10数回にわたり熱心に議論し，意見交換を行い，執筆を進めた．執筆で心掛けた点は，初学者にとって理解が難しいとされる流体力学の基礎を，明解に，できるだけわかりやすく説明することだった．本書の第1，2，4，6章を杉山，第3章を杉山・松村，第5章を河合，第7章を風間，第8章を松村が主に担当し，執筆した．本書に対し，読者・諸賢のご批判・ご意見などをいただけたら幸いである．本書が，学生諸君や若い技術者の流体力学への関心と理解，基礎学力の向上，将来の学問への一歩に，微力でも役に立てれば幸いである．

　本書では，圧縮性流体流れ（高速気流の場合にみられる流体の密度が変化する流れ）や，理想流体流れ（流体の粘性と圧縮性がないと仮定した，流体の重要な基礎的流れ），三次元粘性流体流れ，より詳細な境界層流れと噴流，および流体力学の発展の歴史などについては述べていないが，これらに関しては，前著「杉山・遠藤・新井著，流体力学，森北出版，1995年」を参考にしてほしい．

　執筆にあたっては国内外の多くの著書，とくに最近の著書を多く参考にさせていた

だいた．参考文献として巻末に付記し，感謝を申し上げる．

　最後に，本書を出版するにあたり，たいへんお世話になった森北出版の諸氏，とくに大橋貞夫氏，小林巧次郎氏にお礼を申し上げる．

2012 年 2 月

著者代表　杉山　弘

目　　次

さまざまな流れと流体の性質

　水と空気で代表される液体と気体を総称して流体という．そして，その流体の運動を流れという．本章では，身のまわりにある流体とさまざまな流れ現象，およびそれらを調べ，役立たせる流体力学の重要性，流体の内部構造と特徴，流体を連続体としてとり扱う概念，流れ現象（流体運動）のとらえ方，流体の物理的諸性質などについて説明する．

1.1　さまざまな流れ現象と流体力学の重要性

　水と空気で代表される液体 (liquid) と気体 (gas) を総称して流体 (fluid) という．地球は空気に包まれており，また，地球表面の約 75% は海水で覆われているので，人類と流体のかかわりは非常に深い．その一端を，たとえば，古代の水路・水道の遺跡，人と物資を運ぶ船などの記録からみることができる．

　流体の運動を流れ (flow) または流動といい，流れ現象 (flow phenomena) は，表 1.1 に示すように，身のまわりから宇宙にいたるまで広範囲にわたりみることができる．流れ現象は，たとえば自然界では，川・海流・津波などの水の流れや大気の流れ（図 1.1 (a)）などで，日常生活では，重要なライフラインである水道管の流れ（図 (b)）などでみることができる．また，輸送分野では，自動車・高速列車・航空機まわりや翼まわりの流れ（図 (c)，(d)），各種エンジン内の流れ，各種産業プラントでは，高圧装置・機械・配管系内の流れ，各種建築構造物まわりの流れ，および空調，コンピュータなどの情報機器の除熱・冷却などでみられる．

　最近では，エネルギー・環境問題と関連し，各種発電所内の流れ現象が注目されている．また，生体・医工学の分野では，微小生物まわりの流れや血管内の流れ，スポーツ工学の分野では，野球やサッカーのボールなど，球状物体まわりの流れ，地球物理・宇宙の分野では，マントル対流，火山の噴火，太陽風，星の爆発などに関連する流れ現象などが注目されている．

表 1.1 ■ さまざまな分野でみられる流れ現象

分　野	流れ現象
自然界	川の流れ，海流，津波，風，台風，竜巻，大気の流れ，大気汚染，水質汚染
日常生活	上・下水道管やガス管内の水やガスの流れ，水や空気を送るポンプや送風機に関連する流れ
輸送分野	自動車・高速列車・船舶・航空機・スペースプレーン（航空宇宙機）まわりの流れ，プロペラや翼まわりの流れ，各種エンジン（往復式・ジェットエンジン・ロケットエンジンなど）に関連する流れ
各種産業プラント	製鉄・精油・製紙など各種産業プラントにおける装置・流体機械（ポンプ・圧縮機など）・配管系内の流れ
建築構造物分野	家屋・ビルディング・タワー・橋・ダム・空調・冷暖房に関連する流れ
情報機器分野	半導体製造，コンピュータの除熱・冷却に関連する流れ
エネルギー・環境分野	水力・火力・風力・地熱・原子力発電などに関連するタービンや配管系内の流れ，燃料タンク・圧力容器内の流れ，排気・排水の流れ
生体・医工学分野	微小生物・鳥・魚類まわりの流れ，呼吸器官内の流れ，血管内の流れ
スポーツ工学	水泳・スキージャンプ・自転車競技などに関連する流れ，野球・サッカー・テニス・卓球・ゴルフのボールなど，球状物体まわりの流れ
地球物理・天文・宇宙分野	マントル対流，マグマ・火山噴火，電離層，太陽風，星の爆発現象に関連する流れ

（a）大気の流れ（日本流体力学会編，流れの可視化，p.155，図 8.1，朝倉書店，1996）

（b）円管入口付近の流れ（日本機械学会編，流れ—写真集，p.6，図 13，丸善，1984）

（c）空気中を走行する高速列車（最新！鉄道の科学，p.33，洋泉社，2018）

（d）翼型まわりの流れ（日本機械学会編，流れ—写真集，p.71，図 124，丸善，1984）

図 1.1 ■ さまざまな流れ現象の例

　そのほか，表 1.1 に示したもの以外にも，多種多様な流れ現象が地球上や宇宙に存在している．

　これらの流れ現象の本質と基本的性質，および静止状態の流体の諸性質などを，力学的およびエネルギー的に明らかにし，役立たせる学問が本書で学ぶ流体力学 (fluid mechanics または fluid dynamics) である．流体力学は，流れ現象と流れのメカニズムの本質を理解し，流れを予測，制御するうえで重要である．また，流体力学的な視点は，人々の日常生活や産業活動，エネルギーの有効利用やエネルギーに関する新技術の研究開発，地球環境の永続的保全などに対し，とても大切である．

1.2　流体の構造と特徴

■ 1.2.1　流体の内部構造と特徴

　1.1 節で述べたように，身のまわりにある水・油・水銀・アルコール・血液などの液体と，空気・ヘリウム・水素・天然ガス・蒸気などの気体を総称して流体といい，流体の運動を流れまたは流動という．

　さて，液体と気体からなる流体と，各種構造物・装置・機械などの基盤材料を構成する固体 (solid) を含むすべての物質 (material) は，微視的（分子論的）にみると，非常に微小な粒子の原子・分子・イオンなどから構成されている．たとえば，空気は，窒素分子 N_2 と酸素分子 O_2（これらの分子の平均自由行程は約 $0.03\,\mu m$）から構成され，水は，水素と酸素からなる水分子 H_2O（サイズは，約 $0.1\,nm = 0.1 \times 10^{-3}\,\mu m$）から構成されている．

　固体では，微小な粒子の原子・分子・イオンの熱運動に比べて，粒子間にはたらく引力，すなわち分子間力が非常に強く，粒子は一定の位置に固定され，極端に温度や圧力が高くない状態では，一定の形と体積をもつ．

　一方，液体では，粒子間にはたらく引力（分子間力）は強いが，粒子（分子）は熱運動によってその位置を自由に変えることができ，通常，一定の体積を保つが，一定の形を示さない．したがって，液体を入れる各種容器や液体を蓄えている湖・池・ダム・海岸などの形状に従い液体は形を変える．

　気体では，粒子（分子）の熱運動が激しく，粒子は空間を自由に飛びまわっており，互いに衝突するまでの距離，すなわち分子間距離 (mean free path) は大きい．このため，極端な高圧や極端な低温でない通常の状態のもとでは，体積と形を一定に保つことができない．

　以上をまとめると，通常の状態では，木材・鉄材・プラスチックなどの固体は一定の形と体積をもつが，水・油・空気などの流体は，流体をとり囲む固体境界の形状に従い，その形を自在に変えるという特徴をもつ．これが流体の第一番目の特徴である．

■1.2.2　接線力と流体の挙動・特徴

　すべての物質は，固体と流体に分類される．固体と流体を区別する場合，あるいは流体の特徴を明らかにする場合に，接線力（図1.2に示す T）に対する挙動が大きく異なってくるので，接線力およびせん断応力（式(1.1)で示す τ）の概念が非常に重要になってくる．そのため，最初に比較的理解しやすい固体の場合をとりあげ，接線力およびせん断応力について説明する．

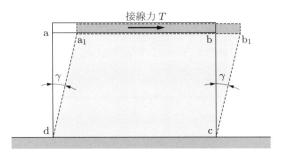

図1.2■固体微小長方形のせん断変形

　図1.2に示すように，床に固定されている長方形物体abcd（奥行きは単位長さとする）の上側の面abに，接着・固定されている平板を介して面abに平行な力，すなわち接線力 (tangential force) T が作用する場合を考える．

　この接線力 T を面abの面積 A で割った値，すなわち単位面積あたりの接線力を接線応力 (tangential stress)，またはせん断応力 (shearing stress) という．このせん断応力は τ（タウ）を用いて次式で表される．

$$\tau = \frac{T}{A} \tag{1.1}$$

　つぎに，このせん断応力によって，長方形abcdが変形し，図1.2の破線で示したようにa₁b₁cdに変形したとする．ここで，面adの微小な角度変化を γ（ガンマ）とする．この γ をせん断変形量，またはせん断ひずみ (shearing strain) という．この角度変化が微小であると，この角度変化 γ と面abの右方向への移動距離[†] aa₁の間にはつ

---

† この移動距離のことを滑り量ともいう．

ぎの関係が成り立つ.

$$\gamma = \frac{\mathrm{aa_1}}{\mathrm{ad}} \tag{1.2}$$

この式より,せん断ひずみ γ と面 ab の移動距離の関係がわかる.

物体が弾性体[†]である場合には,せん断応力 τ とせん断ひずみ γ の間には,物体(材料)の単純引張りのときに成立するフックの法則 (Hook's law) に類似する,つぎの関係式が成立する.

$$\tau = G\gamma \tag{1.3}$$

ここで,G はせん断弾性係数 (shear modulus of elasticity),または剛性率 (modulus of rigidity) という.

以上で述べてきたように,固体(弾性体)の場合には,せん断応力 τ とせん断ひずみ γ の関係が式 (1.3) で表せる.すなわち,固体の場合には,せん断応力が作用すると,せん断ひずみが発生し,固体はわずかに変形した状態で静止状態を保つことができるので,固体はせん断応力に対して抵抗できる物質である.

つぎに,流体にせん断応力が作用した場合について考える.流体の場合には,ほんのわずかなせん断応力が作用した場合でも,流体は流動を始め,静止状態を保つことができない.すなわち,流体は,せん断応力が作用したとき,静止状態を保つことができない物質である.これが流体の第二番目の特徴である.

なお,せん断応力に対する固体と流体の挙動の違いは,前項で述べた固体と流体の内部構造の違い,すなわち,固体と流体を構成する微小な粒子の原子・分子・イオン間に作用する引力の大きさの違いから生じる.

これらの内容をまとめると,せん断応力に対する挙動によって,物質は,固体と流体に明確に区別することができる.すなわち,固体中にはせん断応力が存在するが,静止流体中にはせん断応力は存在しない.ただし,1.4.5 項で述べるように,水や空気などの実在の粘性流体が流動している場合には,流体中にせん断応力が発生する.このことは,重要なことがらであるので,ここで付記しておく.

[†] 応力を加えると変形を生じ,応力をとり去ると変形が消え去る性質を有する物体を弾性体という.

1.3　流体を連続体としてとり扱う概念

　1.2 節で述べたように，流体は，分子レベルでみると，非常に多くの微小な分子から構成されている．たとえば，1 辺 1 μm の微小立方体中に，常温の水の場合には 3.4×10^{10} 個の分子が含まれ，0℃，1 気圧（101.3 kPa．1.4.3 項参照）の空気の場合には 2.7×10^7 個の分子が含まれている．しかし，流体の運動（流れ）を調べる通常の流体力学では，この微小な分子の個々の運動には立ち入らず，流体を連続体 (continuum) としてとらえ，流体の運動（流れ）の挙動を調べる．そこでここでは，流体を連続体としてとり扱う概念について説明しよう．

　流体を連続体としてとり扱う概念とは，流体のどんなに小さな部分をとり出しても，そのなかにはなお多くの微小な粒子（分子）が含まれており，統計的に流体のマクロ的性質が保持されているという考え方である．たとえば，0℃，1 気圧の大気から $1 \, \mathrm{mm}^3$ の空気の微小部分をとり出した場合，そのなかには約 2.7×10^{16} 個の分子が含まれているので，この微小部分の流体のマクロ的性質は十分保持されていると考えることができる．流体のこの微小部分を，流体要素 (fluid element) または流体粒子 (fluid particle) という．なお，流体粒子という用語は，前述した分子を意味する粒子とまぎらわしいが，流体力学の分野では一般に用いられている．

　連続体の概念によると，流体は，流体粒子がすきまなく詰まっている集合体であり，流体の物理量である圧力，密度，速度などは，空間的（場所的）に連続して変化している．

　流体を連続体とみなしてとり扱える条件をまとめると，つぎのようになる．

　　①　流体を構成している分子の大きさが，調査・研究対象としている流れ領域の
　　　　サイズより十分小さい
　　②　流体粒子に含まれる分子数がきわめて多い

分子の平均自由行程を λ（ラムダ），調査・研究対象の代表寸法を L とすると，その比

$$Kn = \frac{\lambda}{L} \tag{1.4}$$

をクヌッセン数 (Kunudsen number) という．このクヌッセン数 Kn を用いると，$Kn \leqq 0.01$ の場合には，流体は連続体としてとり扱うことができる．たとえば，0℃，1 気圧の空気（窒素と酸素の体積比 4：1 の混合気体）の平均自由行程は $0.03 \times 10^{-6} \, \mathrm{m} = 0.03 \, \mu\mathrm{m}$ である（$1 \, \mathrm{mm}^3$ のなかには，窒素分子と酸素分子が合計 2.7×10^{16} 個含まれている）．

そして，代表寸法 $L = 3\,\mu\mathrm{m}$ の物体の場合，

$$Kn = \frac{\lambda}{L} = \frac{0.03\,\mu\mathrm{m}}{3\,\mu\mathrm{m}} = 0.01 \leqq 0.01 \tag{1.5}$$

となるので，$L \geqq 3\,\mu\mathrm{m}$ の物体まわりの流れは，連続体流体としてとり扱うことができる．

1.4 流体の物理的性質

■ 1.4.1 単位系

流体力学で使用される速度，力，圧力，密度などの物理量は，長さ，質量，時間などの基本となる単位 (unit) を定めると，それらから，定義や物理法則をもとに組み立てられる．ここでは，基本単位と組立単位よりなる単位系について説明する．

(1) 国際単位系（SI）

国際単位系（International System of Units（英語表記），略記して SI）は，国際的にとり決められ，標準的に使用されている単位系である．この単位系は，表 1.2 に示す七つの基本単位と，表 1.3 に示す組立単位よりなる．たとえば，組立単位の一つである力の単位はニュートン [N] であるが，これはニュートンの運動の法則より，次式のようになる．

$$1\,\mathrm{N} = 1\,\mathrm{kg} \times 1\,\mathrm{m/s^2} = 1\,\mathrm{kg \cdot m/s^2}$$

表 1.2 ■ SI 基本単位と補助単位

量	名 称	記 号
長 さ	メートル	m
質 量	キログラム	kg
時 間	秒	s
電 流	アンペア	A
熱力学温度	ケルビン	K
物質量	モル	mol
光 度	カンデラ	cd
角 度	ラジアン	rad*

* 補助単位

表 1.3 ■ SI 組立単位

量	名 称	記 号
速 度	メートル毎秒	m/s
加速度	メートル毎秒毎秒	m/s^2
圧 力	パスカル	Pa $(= \mathrm{N/m^2})$
応 力	パスカル	Pa $(= \mathrm{N/m^2})$
粘 度	パスカル秒	Pa$\cdot$s
動粘度	平方メートル毎秒	m^2/s
力	ニュートン	N $(= \mathrm{kg \cdot m/s^2})$
トルク，モーメント	ニュートンメートル	N$\cdot$m
エネルギー	ジュール	J $(= \mathrm{N \cdot m})$
仕事率，動力，電力	ワット	W $(= \mathrm{J/s})$
角速度	ラジアン毎秒	rad/s
回転数	回毎秒	s^{-1}
振動数，周波数	ヘルツ	Hz $(\mathrm{s^{-1}})$

（2）　重力単位系

　地球上のすべての物質（固体・液体・気体）は，地球から引力を受けている．この引力を重力といい，重力の大きさを重量 (weight) または重さという．

　SI 単位が使用される以前に，産業・工学の分野などで広く使用されてきた単位系は重力単位系（または工学単位系ともいう）で，この単位系の特徴は，力（重力）を基本単位の一つにとっている点にある．すなわち，重力単位系では力の単位として質量 1 kg の物体に作用する重力をとり，これを 1 kgf と記す．ここで，kg は SI での質量の単位で，kgf は重力単位系での力の単位で，キログラムフォースという．この 1 kgf の力を SI 単位で表すと，

$$1\,\mathrm{kgf} = 1\,\mathrm{kg} \times g\,[\mathrm{m/s^2}] = 9.80665\,\mathrm{kg \cdot m/s^2} \cong 9.8\,\mathrm{N} \tag{1.6}$$

となる．ここで，g は重力加速度である．

■1.4.2　次　元

　前項で述べた国際単位系や重力単位系などと関係なく，基本量である質量 (Mass) M，長さ (Length) L，時間 (Time) T を用いると，ほかの物理量は M，L，T を用いて表すことができる．これらを次元 (dimension) という．たとえば，速度と力の次元は，それぞれ LT^{-1}，MLT^{-2} となる．

　なお，一般に，物理量の関係を表す式において，両辺の各項の次元は等しくなる．この性質を用いて，流れ現象などの物理現象を解析する方法を次元解析 (dimensional analysis) という．

■1.4.3　圧　力

　1.2.2 項で，固体と流体に接線応力（せん断応力）が作用した際の固体と流体の挙動について考え，静止流体中にせん断応力は存在しないことを述べた．ただし，流体が流れに直角方向に速度勾配をもって流動している場合には，流体中にせん断応力が存在することを付記した．

　ここでは，静止または流動している流体中の圧力とせん断応力について述べる．図 1.3 に示すように，流体中の任意の 1 点を含む微小な面（面積 ΔA）を考え，その面の片側に作用する垂直力を ΔF，接線力を ΔT とする．いま，微小面積 ΔA をゼロに近づけたとき†の $\Delta F/\Delta A$，$\Delta T/\Delta A$ の値を，その点における圧力 (pressure) p とせん断応

---

† 厳密にいうと，流体に関して連続体のとり扱いができる範囲内での最小微小面積に近づけたとき．

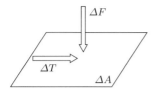

（a）微小面ΔAに作用する
垂直力ΔFと接線力ΔT

（b）単位面積の流体面（層）の両側に
作用する圧力pとせん断応力τ

図 1.3 ■ 流体中の微小面に作用する垂直力（圧力）と接線力（せん断応力）

力τと定義する．すなわち，

$$p = \lim_{\Delta A \to 0} \frac{\Delta F}{\Delta A} \tag{1.7}$$

$$\tau = \lim_{\Delta A \to 0} \frac{\Delta T}{\Delta A} \tag{1.8}$$

である．図 1.3（b）に実線と破線で示すように，非常に薄い流体層の面の両側にはたらく圧力とせん断応力は，力の作用・反作用の法則により，大きさが等しく，向きが反対になる．なお，流体が静止している場合には，流体中に圧力は存在するが，せん断応力は存在しない．

上述の圧力の定義からわかるように，流体中の圧力は，考えている面に垂直に作用する．また，2.1 節で詳しく述べるが，流体中の 1 点における圧力は，あらゆる方向に対して同じ大きさとなる．

圧力は単位面積に作用する力で表され，圧力の単位はパスカル [Pa] である．すなわち，つぎのようになる．

$$1\,\mathrm{Pa} = 1\,\mathrm{N/m^2} \tag{1.9}$$

地上における大気圧は，地球上の場所および気象条件によって異なるが，標準の大気圧（標準気圧）は，水銀柱で 760 mmHg の高さに等しい圧力である．この標準気圧を，記号 atm（アトム）で表す．すなわち，

$$\text{標準気圧 } 1\,\mathrm{atm} = 760\,\mathrm{mmHg} = 101.3\,\mathrm{kPa} \tag{1.10}$$

となる．また，重力単位系で表した $1\,\mathrm{kgf/cm^2}$ を，工学気圧といい，記号 at（アト）で表す．すなわち，つぎのようになる．

$$\text{工学気圧 } 1\,\mathrm{at} = 1\,\mathrm{kgf/cm^2} = 735\,\mathrm{mmHg} = 98.1\,\mathrm{kPa} \tag{1.11}$$

■1.4.4　密　度

　流体の単位体積あたりの質量を密度 (density) といい，単位質量あたりの体積を比体積 (specific volume) という．これらを記号 $\rho\,[\mathrm{kg/m^3}]$, $v\,[\mathrm{m^3/kg}]$ で表すと，ρ（ロー）と v の間には逆数の関係

$$v = \frac{1}{\rho} \tag{1.12}$$

がある．従来，重力単位系では，単位体積あたりの重量を表す比重量 $\gamma\,[\mathrm{kgf/m^3}]$ がよく使用された．比重量 γ と密度 ρ の間には，

$$\gamma = \rho g \tag{1.13}$$

の関係がある．ここで，$g\,[\mathrm{m/s^2}]$ は重力加速度である．

　なお，流体（物質）の密度と，標準気圧（101.3 kPa）で 4℃ における水の密度（1000 kg/m³）との比を，比重 (specific gravity) という．

　密度は状態量であり，温度と圧力の関数となる．気体の密度は，通常，状態方程式 (equation of state)

$$\rho = \frac{p}{RT} \tag{1.14}$$

より求められる．ここで，p は圧力 [Pa]，T は絶対温度 [K]，R は気体定数 $[\mathrm{J/(kg \cdot K)}]$ である．

■1.4.5　粘性とせん断応力

　グリセリン・はちみつ・油などは，ドロドロしている．この "ねばり" の度合い，あるいは変形・流動に対して抵抗する性質を，粘度または粘性 (viscosity) という．水や空気など，すべての実在の流体は粘性をもっているが，粘性の影響・効果は，流動している流体の速度に依存している．これについて，以下に詳細に述べよう．

　水や空気などの粘性をもつ実在流体 (real fluid) が静止状態ではなく運動している場合，つまり，流れている場合[†]には，流れに平行な面に，流体のもつ粘性により，粘性による力 (viscous force) とよばれる接線摩擦力 (tangential frictional force) が発生する．この接線摩擦力を，せん断応力という．

　図 1.4 に示すように，二つの平行な平板の間に流体が満たされており，上側の平板は一定の速度 U で定常的に移動し，下側の平板は固定され，静止しているとする．

[†]　厳密には，流れに直角な方向に速度勾配をもって流動している場合．

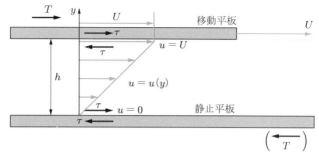

図 1.4 ■ 一方が移動している二平行平板間の流体の流れ（クエット流れ）

　平板と流体が接している境界を微視的にみると，下側の静止平板の表面上には非常に薄い流体の層が粘着し，この薄い層の流体の速度はゼロとみなされる．この固体壁面上で粘性流体の速度が相対的にゼロになることを，滑りなし条件またはスリップなし条件 (no-slip condition) という．同様に，上側の移動平板の表面上にも非常に薄い流体の層が粘着する（滑りなし条件を満たす）．この薄い層の流体の速度は，平板の移動速度と同じで，速度 U とみなされる．なお，すべての粘性流体流れの特徴は，固体壁面上で滑りなし条件を満たしていることである．

　さて，二平行平板間内の流体は，上側の移動平板上の薄い層内の流体に，流体がもっている粘性のため，引きずられ，右向きに流れる．二平行平板間の距離 h が大きくなく，流体が層状をなして流れている場合，すなわち流れが層流 (laminar flow) の場合には，二平行平板間の流れの速度は，

$$u(y) = \frac{U}{h}y \tag{1.15}$$

で表される．ここで，y は下側の静止平板表面からの距離，$u(y)$ は y の位置における流速である．図 1.4 と式 (1.15) で示すような，速度勾配が直線状，すなわち一定な平行流れをクエット流れ (Couette flow) という．

　ところで，図 1.4 に示すように，流体の粘性による摩擦力に抗して，上側の移動平板を速度 U で定常的に移動させ続けるためには，上側の移動平板に，面に平行な力，すなわち接線力 T を右向きに作用させ続けなければならない．一方，下側の静止平板は静止しているが，下側の静止平板を静止させるためには，力の作用・反作用の法則により，接線力 T と同じ大きさで，向きが逆（左向き）の力を下側の静止平板に与えなければならない．

　実験によると，この平板を移動させ続けるための接線力 T は，流体が接している上側の移動平板の面積 A と平板の移動速度 U に比例し，二平行平板間の距離 h に反比

例する. すなわち, 比例定数を μ（ミュー）とすると,

$$T = \mu A \frac{U}{h} \tag{1.16}$$

となる. よって, 上側の移動平板および平板に接しているきわめて薄い流体の層に作用する, 単位面積あたりの接線力であるせん断応力 τ は,

$$\tau = \frac{T}{A} = \mu \frac{U}{h} \tag{1.17}$$

となる. ここで, 比例定数 μ は, 本項の最初に述べた流体の物性値である粘度である. なお, 粘度は粘性係数 (viscosity coefficient) ともいう. 式 (1.17) より, 一方が固定されて他方が移動している二平行平板間内の粘性流体の流れのなかに現れるせん断応力 τ は, 流体の粘度 μ と速度勾配 U/h の積で表されることがわかる.

つぎに, 式 (1.17) を, 任意の速度勾配をもつ流れの場合に拡張する. 図 1.5 (a) に示すように, 流れのなかに, 高さ y と $y + \Delta y$ で挟まれた流体層を考える. y の位置における流体の速度を u とし, $y + \Delta y$ の位置における流速を $u + \Delta u$ とすると, この流体層には, 式 (1.17) が適用でき, この流体層に発生するせん断応力 τ は,

$$\tau = \mu \frac{\Delta u}{\Delta y} \tag{1.18}$$

で表される. ここで, $\Delta y \to 0$ の極限をとると, 式 (1.18) は,

$$\tau = \mu \frac{du}{dy} \tag{1.19}$$

となる. この式より, 図 1.5 (b) に示すように, 一般に, 流れに垂直方向の速度勾配 du/dy をもつ粘性流体の流れのなかには, せん断応力 τ が存在すること, およびこのせん断応力 τ は, 流体の粘度 μ と速度勾配 du/dy に比例することがわかる.

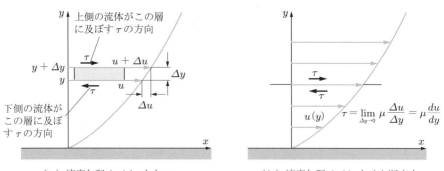

（a）速度勾配 $\Delta u / \Delta y$ をもつ　　　　（b）速度勾配 du/dy とせん断応力 τ
　　　流れ中のせん断応力 τ

図 1.5 ■ 速度勾配 du/dy をもつ流れのなかのせん断応力 τ

式 (1.19) は，ニュートン[†]が流体の抵抗に関する実験で発見した法則で，ニュートンの粘性法則 (Newton's law of viscosity) といわれる．なお，この式は，流体が層状をなして流れるとき，すなわち層流の場合に成立する．

粘度 μ を流体の密度 ρ で割った次の量 ν （ニュー）

$$\nu = \frac{\mu}{\rho} \quad [\mathrm{m^2/s}] \tag{1.20}$$

を動粘度 (kinematic viscosity) または動粘性係数といい，単位は $[\mathrm{m^2/s}]$ である．

例題 1.1

図 1.4 に示すように，一方が移動している二平行平板間の流れ（クエット流れ）がある．平板間の距離 $h = 3\,\mathrm{mm}$，流体の粘度を $\mu = 0.85\,\mathrm{Pa \cdot s}$ としたとき，つぎの問いに答えよ．

（1） 上の平板を $U = 3.50\,\mathrm{m/s}$ で移動させた場合のせん断応力を求めよ．

（2） 上記の条件で，板の面積を $8\,\mathrm{m^2}$ とした場合，上の平板を引っ張る力 T を求めよ．

解答

（1） せん断応力 τ は，式 (1.17) より，つぎのようになる．

$$\tau = \mu \frac{U}{h} = 0.85\,\mathrm{N \cdot s/m^2} \times \frac{3.50\,\mathrm{m/s}}{3 \times 10^{-3}\,\mathrm{m}} = 992\,\mathrm{Pa}$$

（2） 上の平板を引っ張る力 T は，上の平板上に作用するせん断応力 τ と平板の表面積 A の積であるので，つぎのようになる．

$$T = \tau A = 992\,\mathrm{N/m^2} \times 8\,\mathrm{m^2} = 7.94\,\mathrm{kN}$$

表 1.4 に，空気と水の密度 ρ，粘度 μ，動粘度 ν を示す．表からわかるように，粘度は温度が上昇すると，空気（気体）の場合には上昇し，水（液体）の場合には減少する．なお，流体（気体と液体）の粘度は，一般に，圧力が変化してもほとんど変わらない．

水・油・空気などのニュートンの粘性法則に従う流体をニュートン流体 (Newtonian fluids) という．これに対して，ニュートンの粘性法則に従わない，紙の主原料であるパルプ液・高分子溶液・グリセリン・水あめ・マヨネーズなどの流体を非ニュートン流体 (non-Newtonian fluids) という．

[†] Isaac Newton, 1642〜1727 年，イギリスの数学者・物理学者・天文学者．

表 1.4▪標準気圧における空気と水の密度 ρ, 粘度 μ, 動粘度 ν

温　度	空　気			水		
[℃]	$\rho\,[\mathrm{kg/m^3}]$	$\mu\,[\mathrm{Pa \cdot s}]$	$\nu\,[\mathrm{m^2/s}]$	$\rho\,[\mathrm{kg/m^3}]$	$\mu\,[\mathrm{Pa \cdot s}]$	$\nu\,[\mathrm{m^2/s}]$
−40	1.515	1.49×10^{-5}	0.98×10^{-5}			
−20	1.395	1.610 〃	1.150 〃			
0	1.293	1.710 〃	1.322 〃	9.998×10^2	1.792×10^{-3}	1.792×10^{-6}
5	1.270	1.734 〃	1.365 〃	10.00 〃	1.519 〃	1.519 〃
10	1.247	1.759 〃	1.411 〃	9.997 〃	1.307 〃	1.307 〃
15	1.226	1.784 〃	1.455 〃	9.991 〃	1.138 〃	1.139 〃
20	1.204	1.808 〃	1.502 〃	9.982 〃	1.002 〃	1.004 〃
25	1.185	1.832 〃	1.546 〃	9.970 〃	0.890 〃	0.8928 〃
30	1.165	1.856 〃	1.592 〃	9.965 〃	0.7973 〃	0.8008 〃
40	1.128	1.904 〃	1.688 〃	9.922 〃	0.6529 〃	0.6581 〃
60	1.060	1.997 〃	1.883 〃	9.832 〃	0.4667 〃	0.4747 〃
80	0.999	2.088 〃	2.090 〃	9.718 〃	0.3550 〃	0.3653 〃
100	0.946	2.175 〃	2.298 〃	9.584 〃	0.2822 〃	0.2945 〃

▪1.4.6　圧縮性

　空気・水・油などの流体は，外力（圧力）を加えると体積が変化し，その結果，密度（単位体積あたりの質量）が変化する．流体のこの性質を圧縮性 (compressibility) という．すべての流体は，大小の違いはあるが，圧縮性をもっているため，弾性体であるとみなされる．

　まず，静止流体の圧縮性について述べる．図 1.6 に示すように，ピストンとシリンダーで囲まれた初期体積 V，圧力 p，密度 ρ をもつ流体を圧縮する場合について考える．

　ピストンに力 F を加え，圧力を Δp 増加（$\Delta p > 0$）させたとき，流体の体積は ΔV 減少（$\Delta V < 0$）し，密度は $\Delta\rho$ 上昇（$\Delta\rho > 0$）したとする．このとき，圧力（応力）増加 Δp と体積ひずみ（$-\Delta V/V$）の間には，

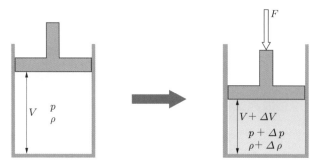

図 1.6▪流体の圧縮性（密度変化）

$$\Delta p = -K\left(\frac{\Delta V}{V}\right) \tag{1.21}$$

が成り立つ.ここで,K を体積弾性係数 (bulk modulus of elasticity) といい,単位は
パスカル [Pa] である.

体積弾性係数の逆数を圧縮率 (compressibility) という.これを β で表すと,

$$\beta = \frac{1}{K} = \frac{-\Delta V/V}{\Delta p} = \frac{\Delta\rho/\rho}{\Delta p} \tag{1.22}$$

となる.表 1.5 に,流体(水,水銀,エチルアルコール)の体積弾性係数を示す.

表 1.5 ■ 流体の体積弾性係数

物　　質	温度 [°C]	圧力範囲 [MPa(ゲージ)]	体積弾性係数 [MPa]
水	20	0.1〜2.5	2.06×10^3
水	20	10〜50	2.33×10^3
海水	10	0.1〜15	2.23×10^3
水銀	20	0.1〜10	25.0×10^3
エチルアルコール	14	0.9〜3.7	0.97×10^3

つぎに,流体が流動している場合の圧縮性について,簡単に述べる.水・油などの液
体が流動している場合には,管路内の流れを弁で急閉した際に発生する水撃現象や水
中爆発にともない発生する衝撃波現象,および音波(音響)現象などの液体中に急激
な圧力変化が起こる波動現象などをとり扱う場合を除いて,通常の流れを扱う場合に
は,液体は圧縮しない密度一定の流体,すなわち非圧縮性流体 (incompressible fluid)
としてとり扱われる.

一方,空気などの気体の流れを扱う場合には,密度が変わる圧縮性流体 (compressible
fluid) としてとり扱う場合と,非圧縮性流体としてとり扱う場合とがある.これは,流
れている気体の場合には,圧縮性の影響および効果は,圧縮の程度によって現れ,流
れの速度によって決まるからである.具体的には,気体が流れているときには,圧縮
性の大きさは,流れのマッハ数(= 流速/音速)によって決まる.

空気などの気体の流れの場合,流れのマッハ数が約 0.3 以下(流速約 100 m/s 以下)
の場合には,気体の密度は一定であり,非圧縮性流体としてとり扱われる.しかし,
流れのマッハ数が 0.3 以上の高速流れや,音波や衝撃波現象などをとり扱う場合には,
密度変化を考慮する圧縮性流体の流れとしてとり扱わなければならない[†].

[†] たとえば,「杉山弘:圧縮性流体力学,森北出版,2014」参照.

▪ 1.4.7 表面張力

　木の葉の上の水滴にみられるように，体積の小さな液体は，球形（液滴）になる性質をもつ．これは，気体と接している液体の面（これを界面という）に接する方向に，界面を引っ張る力が作用しているためである．この界面（液体表面）に存在する引張り力を表面張力 (surface tension)†という．

　表面張力は，液体表面上の単位長さの線に対して直角方向に曲面に沿って作用する力で表され，単位は [N/m] である．

　さて，液滴内部の圧力は，表面張力により，外部の圧力より高くなることが知られており，この液滴内外の圧力差と表面張力の関係について調べてみる．

　図 1.7 (a) に示すように，球形液滴の表面の微小部分（面積 $\Delta s \times \Delta s$）をとり出し，この微小部分に作用する張力を調べる．

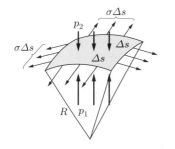
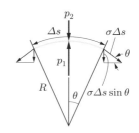

（a）微小面積$\Delta s \times \Delta s$ の場合　　　　（b）微小面積$\Delta s \times 1$ の場合

図 1.7 ▪ 液滴（球形）表面の微小曲面にはたらく表面張力と液滴内外の圧力

　表面張力を σ とすると，長さ Δs の 1 辺に作用する張力は $\sigma \Delta s$ であり，図 1.7 (b) に示すように，下向きに作用する力は $\sigma \Delta s \sin \theta$ となる．ここで，θ は曲面の接線方向（表面張力が作用している方向）と水平線のなす角度である．よって，この微小部分の 4 辺に作用する表面張力の下向きの力の合計は，$4\sigma \Delta s \sin \theta$ となる．

　液面の内部の圧力を p_1，外部（気体）の圧力を p_2 とすると，界面の上側には圧力による力 $p_2(\Delta s)^2$ が下向きに作用し，界面の下側には圧力による力 $p_1(\Delta s)^2$ が上向き

---

† 表面張力の発生メカニズムは，つぎのように考えられる．液体は液体分子から構成されており，液体分子は互いに分子間力，すなわち凝集力 (cohesive force) を及ぼしている．とくに，界面近くの非常に薄い液体層内では，液体分子は密に詰まっておらず，液体の分子間距離は比較的大きく，分子間力は引力として作用する．一方，界面から遠い位置にある液体内では，液体分子は密に存在しており，液体分子間ではたらく分子間力は互いに打ち消しあい，液体分子間に引力がはたらかない状態となる．また，界面の外側（気体側）では，気体分子が存在しているが，気体分子間の距離は大きく，分子間力は非常に小さい．これらにより，気体と接している液体表面に表面張力が発生する．

に作用している．これらの圧力による力と表面張力は釣り合っているので，

$$p_1(\Delta s)^2 - p_2(\Delta s)^2 = 4\sigma\,\Delta s \sin\theta \tag{1.23}$$

$$p_1 - p_2 = \frac{4\sigma\sin\theta}{\Delta s} \tag{1.24}$$

となる．ここで，角度 θ は微小角であるから，$\sin\theta = \theta$ とおける．また，図 1.7（b）に示すように，曲面の曲率半径を R とすると，$\Delta s = 2R\theta$ となる．これらを上式に代入すると，液滴の内外の圧力差 $\Delta p = p_1 - p_2$ は，つぎのようになる．

$$\Delta p = \frac{2\sigma}{R} \tag{1.25}$$

図 1.8（a），（b）に示すように，大気（空気）に接した液体の表面，すなわち自由表面をもった液体に細管を立てると，細管内の液面は，自由表面より高くなるかあるいは低くなる．このような現象を毛管現象 (capillarity) という．つぎに，この現象について考える．

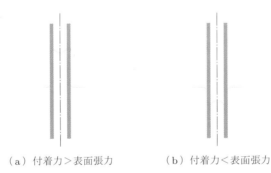

　　（a）付着力＞表面張力　　　　　（b）付着力＜表面張力

図 1.8 ■ 毛管現象

　一般に，固体と接する部分の液面は，液体分子が固体から引かれる付着力 (adhesive force) と，液体分子間にはたらく凝集力により生じる表面張力を受ける．この部分の付着力が表面張力（凝集力）より大きい場合には，この付着力により細管内の液体は引き上げられ，液面は上昇する．この場合，図 1.9（a）に示すように，液面が固体表面となす角，いわゆる接触角 (contact angle) θ は，$\theta < 90°$ となる．液面が固体面に接する部分の付着力が，表面張力（凝集力）より小さい場合には，液面は初期の位置より下がり，接触角は同図（b）に示すように，$\theta > 90°$ となる．

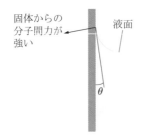

（a）$\theta < 90°$（付着力＞表面張力）　　　（b）$\theta > 90°$（付着力＜表面張力）

図 1.9 ▪ 接触角 θ

演習問題

1.1　体積が $18\,\mathrm{L}$（リットル），質量が $15\,\mathrm{kg}$ である原油の密度 ρ，比体積 v を SI 単位で求めよ．また，比重 S を求めよ．

1.2　標準気圧，温度 $15\,℃$ における空気の密度を求めよ．ただし，空気の気体定数を $R = 287\,\mathrm{J/(kg \cdot K)}$ とする．

1.3　自動車のタイヤの空気が，はじめ $15\,℃$ で $381\,\mathrm{kPa}$ であった．車の走行により，タイヤの空気が温度上昇して $40\,℃$ になったときの，タイヤ内部の空気の圧力を求めよ．ただし，タイヤは膨張しないものとする．

1.4　流体の圧縮性に関するつぎの問いに答えよ．

　（1）　$20\,℃$ の水に圧力を加え，体積を 1% 減少させるのに必要な圧力の大きさを求めよ．ただし，水の弾性係数を $K = 2.06\,\mathrm{GPa} = 2.06 \times 10^9\,\mathrm{Pa}$ とする．

　（2）　$20\,℃$ の空気に圧力を加え，体積を 1% 減少させるのに必要な圧力の大きさを求めよ．ただし，空気の弾性係数を $K = 0.14\,\mathrm{MPa} = 0.14 \times 10^6\,\mathrm{Pa}$ とする．

1.5　半径 R の薄肉の半球二つを張り合わせて一つの球をつくり，その後，球の内部の空気を真空ポンプで吸い出して真空球とする．つぎに，この二つの半球を左右に引っ張って分離する実験を行う．分離するのに必要な力 F を求めよ．ただし，大気圧を p_∞ とする．

1.6　図 1.10 に示すように，自由表面をもつ密度 ρ の液体中に内径 d のガラス管を立てたところ，毛管現象により，ガラス管内の液面は外部の液面より高さ h だけ持ち上げられた．図に示すように，管内の液面（メニスカス (meniscus) という）は球面になるものとし，管壁と液面のなす角（接触角）を θ としたとき，高さ h と表面張力 σ との関係を求めよ．

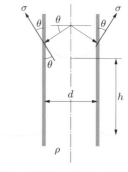

図 1.10 ▪ 毛管現象（液面が上昇する場合）

静止流体の力学

第2章

流動せず，静止した状態にある水・空気・油などの流体を静止流体という．静止流体の力学的性質を理解することは，水圧プレス（水圧機）[†]やマノメータ（液柱圧力計）の原理，液体を貯めるタンクやダムの水門などにかかる流体の力，浮力の原理，相対的静止状態にある流体の性質などを予測または見積もるうえで重要である．本章で述べる静止した流体を扱う分野を流体静力学 (fluid statics) または静水力学 (hydrostatics)という．

本章では，

① 静止流体中の圧力の性質（等方性）とパスカルの原理
② 静止流体の深さと圧力の関係，圧力の測定原理とマノメータ
③ 各種形状の壁面（垂直平面壁・斜め平面壁・曲面壁など）に及ぼす流体の力（流体の重力や圧力による力）
④ 浮力に関するアルキメデスの原理と浮揚体の力学的性質
⑤ 一定の速度または加速度で運動している容器内の流体，すなわち相対的静止状態の流体の性質

などについて述べる．

2.1　静止流体中の圧力

■2.1.1　圧力の等方性

1.2.2項で述べたように，一般に，粘性をもつ実在の流体は，せん断応力（接線応力）が作用した際，静止状態を保つことができない．すなわち，静止した流体中にはせん断応力は存在しない．ここでは，静止流体中の圧力の性質，すなわち静止流体中の任意の1点における圧力は，すべての方向に対して等しくなることについて述べる．

---

† 水圧によって仕事をする機械．主要部はシリンダー，ピストンなどからなる（図 2.2 参照）.

　湖・池・プール・水族館の大水槽・浴槽・タンク・各種容器などに蓄えられている水（液体）は，上方に空気（気体）と接している水面（液面）をもっているが，この液面を自由表面 (free surface) という.

　図 2.1（a）に，静止容器内に自由表面をもち，静止状態で蓄えられている液体（流体）を示す．図中に示すように，静止流体中の微小流体三角柱を考え，圧力の性質について調べてみる.

　図 2.1（b）に，微小流体三角柱の拡大図を示す．この微小流体三角柱に作用する力は，微小流体三角柱の各面に作用する圧力 (p, p_y, p_z) による力と，三角柱内の流体の質量に地球の引力が作用する重力加速度による重力（重力単位系では重量という）である．この流体の質量に作用する引力などによる力を，体積力（質量力または物体力）(body force) という.

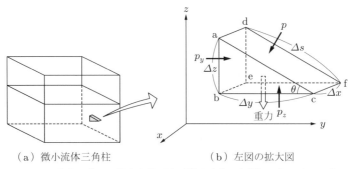

（a）微小流体三角柱　　　　　　　（b）左図の拡大図

図 2.1 ■静止流体中の微小流体要素（微小流体三角柱）に作用する圧力

　さて，この微小流体三角柱は静止しているので，図 2.1（b）に示す x，y，z 方向の力は釣り合っている.

　x 方向に関しては，微小流体三角柱に作用する x 方向の圧力 p_x（図 2.1（b）中では省略してある）による力は，圧力の作用面 abc と面 def の面積が等しいこと，および x 方向の力が釣り合っていることより等しく，向きは逆であることが直感的にわかる.

　y 方向に関する力の釣り合いの式は，

$$p_y \Delta x \, \Delta z - p \Delta x \, \Delta s \sin \theta = 0 \tag{2.1}$$

となる．ところで，$\Delta s \sin \theta = \Delta z$ であるので，これを式 (2.1) に代入すると，

$$p_y = p \tag{2.2}$$

となり，z 方向に関する力の釣り合いの式は，

$$p_z\,\Delta x\,\Delta y - p\,\Delta x\,\Delta s\cos\theta - \frac{1}{2}\rho g\,\Delta x\,\Delta y\,\Delta z = 0 \tag{2.3}$$

となる．ところで，$\Delta s\cos\theta = \Delta y$ であるので，これを式 (2.3) に代入すると，つぎのようになる．

$$p_z - p - \frac{1}{2}\rho g\Delta z = 0 \qquad \therefore\quad p_z = p + \frac{1}{2}\rho g\Delta z \tag{2.4}$$

式 (2.2) と式 (2.4) は，静止流体中の圧力に関する重要な次の性質を示している．

① 水平方向には圧力変化はない．

② 密度 ρ，重力加速度 g，深さ Δz に比例する圧力変化が z 方向（重力方向）に存在する．

さて，微小流体三角柱の体積をゼロに近づけた状態，すなわち $\Delta z \to 0$ とすると，微小流体三角柱は点となる．このとき，式 (2.4) は，

$$p_z = p \tag{2.5}$$

となる．上記の① と，式 (2.2) および式 (2.5) より，

$$p_x = p_y = p_z = p \tag{2.6}$$

となる．式 (2.6) と，図 2.1 (b) に示す微小流体三角柱の座標軸と角度 θ は任意にとれることを考慮すると，静止流体中の圧力は点の特性をもち，方向には無関係であることがわかる．このことを，静止流体中の圧力の等方性 (isotropy of pressure) という．

■2.1.2 パスカルの原理

前項で述べた静止流体中の圧力の等方性から，「密閉容器内の静止流体の一部に加えられた圧力は，流体中のすべての部分に一様に伝達される」というパスカルの原理 (Pascal's law) が導かれる．

パスカルの原理の応用として水圧プレス（水圧機）がある．これは，図 2.2 に示すように，原理的には，大小二つのシリンダーを連結管でつなぎ，水や油などの液体を入れてピストンで密封したものである．

いま，左側のピストン（断面積 A_1）を F_1 の力で押したとき，左側シリンダー内に発生する圧力 p_1 は，

$$p_1 = \frac{F_1}{A_1} \tag{2.7}$$

となる．一方，右側のピストン（断面積 A_2）側で力 F_2 が発生したとすると，右側のピストン下の液体の圧力 p_2 は，

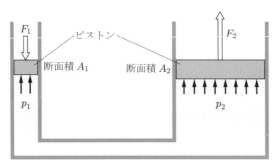

図 2.2 ■ パスカルの原理の応用（水圧機）

$$p_2 = \frac{F_2}{A_2} \tag{2.8}$$

となる．パスカルの原理より，$p_1 = p_2$ であるから，

$$F_2 = \frac{A_2}{A_1} \times F_1 \tag{2.9}$$

となる．この式より，断面積 A_2 を A_1 に比べて大きくすると，F_1 に比べて大きな力 F_2 を発生させられることがわかる．

■2.1.3　重力場における静止流体中の圧力

図 2.3（a）に示すように，重力場（重力加速度を g とする）に置かれた静止流体中の微小流体円柱に作用する力を考える．

鉛直方向に座標 z をとり，上向きを正とする．図 2.3（b）に示すように，微小流体円柱の高さを dz，底面積を dA，底面における圧力を p とすると，底面から微小距離 dz 離れた上面における圧力は $p + dp$ と表される．よって，この微小流体円柱に作用する圧力による力は，

$$p\,dA - (p + dp)\,dA = -dp\,dA \tag{2.10}$$

となる．液体の場合のように，流体の密度 ρ は高さ方向には変化がなく，一定であるとすると，この微小流体円柱の重力（重量）は $\rho g\,dA\,dz$ となる．微小流体円柱は静止状態であるので，微小流体円柱に作用する圧力による力と重力は釣り合っている．よって，

$$-dp\,dA = \rho g\,dA\,dz \qquad \therefore \quad dp = -\rho g\,dz \tag{2.11}$$

となる．この式は，上向きを z の正方向にとっているので，高さ（位置）が dz だけ上にいくと，流体の圧力は $\rho g\,dz$ だけ低下することを意味する．逆に，位置が dz だけ深

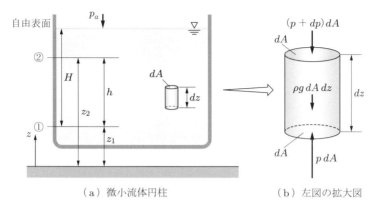

図 2.3 ▪ 静止流体中の微小流体円柱に作用する力

（a）微小流体円柱　　　（b）左図の拡大図

くなると，流体の圧力は $\rho g\,dz$ だけ上昇することがわかる．よって，これらより，鉛直方向に単位長さあたりの位置が変化すれば，静止流体の圧力は ρg だけ変化することがわかる．

なお，式 (2.11) を，もう少し直感的に表現すると，密度 $\rho =$ 一定 とみなされる液体の場合，液体中の高さの変化 dz は，圧力の変化 dp をもたらす．静止流体中の圧力は，上方に向かえば減少し，下方に向かえば増加する．

さて，式 (2.11) を微分形式で表すと，

$$\frac{dp}{dz} = -\rho g \tag{2.12}$$

となり，式 (2.12) を z に関し，図 2.3 (a) に示す水平断面①から断面②まで積分すると，

$$\int_{p_1}^{p_2} dp = -\int_{z_1}^{z_2} \rho g\,dz \tag{2.13}$$

となる．流体が液体の場合，通常，密度 $\rho =$ const.（一定）とみなしてよいので，

$$p_2 - p_1 = -\rho g(z_2 - z_1)$$

となり，二つの水平断面間の距離を $z_2 - z_1 = h$ とすると，次式となる．

$$p_1 = p_2 + \rho gh \tag{2.14}$$

断面②を水面，すなわち自由表面までもっていくと，断面①の圧力は次式となる．

$$p_1 = p_a + \rho gH \tag{2.15}$$

ここで，p_a は自由表面上の大気圧，H は自由表面から断面①までの距離である．

■2.1.4　絶対圧力とゲージ圧力

　一般に，測定された圧力は，圧力の基準をどこにとるかによってよび方が違ってくる．図 2.4 に示すように，完全真空（0 Pa）を基準にとって測った圧力を絶対圧力 (absolute pressure) といい，大気圧を基準に測った圧力をゲージ圧力 (gage pressure または gauge pressure) という．

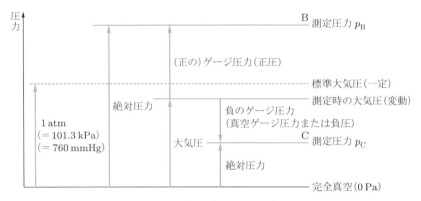

図 2.4 ■絶対圧力とゲージ圧力

絶対圧力とゲージ圧力の関係は，図 2.4 に示すように，

　• 測定圧力が大気圧より高い場合（測定圧力が p_B の場合）

$$[絶対圧力] = [大気圧] + [（正の）ゲージ圧力] \tag{2.16}$$

　• 測定圧力が大気圧より低い場合（測定圧力が p_C の場合）

$$[絶対圧力] = [大気圧] - [負のゲージ圧力] \tag{2.17}$$

となる．なお，正のゲージ圧力を正圧，負のゲージ圧力を真空ゲージ圧力 (vacuum gage pressure) あるいは負圧 (negative pressure) といい，絶対圧力を $p\,[\text{abs}]$，ゲージ圧力を $p\,[\text{gauge}]$ のように表す．

　1.4.3 項で述べたように，地球上の大気圧は，緯度および気象条件によって変化するが，絶対圧力で 101.325 kPa の大気圧を標準大気圧 (標準気圧, normal atmospheric pressure) といい，記号 atm（アトム）で表す．重力加速度として国際標準値 $g = 9.80665\,\text{m/s}^2$，水銀の密度 $\rho = 13.595 \times 10^3\,\text{kg/m}^3$ を用いて，標準気圧を水銀柱の高さで表すと 760 mmHg となる．この標準気圧に相当する圧力を単に 1 気圧 (atm) という．すなわち，次式となる．

$$1 \text{気圧 } (1\,\text{atm}) = 101.325\,\text{kPa} = 760\,\text{mmHg} \tag{2.18}$$

なお，工業・工学の分野では，1.4.3項で述べたように，$1\,\mathrm{kgf/cm^2}$の圧力を1工学気圧と称し，$1\,\mathrm{at}$（アト）と記して使用してきた．すなわち，次式となる．

$$1\,\text{工学気圧}\,(1\,\mathrm{at}) = 1\,\mathrm{kgf/cm^2} = 98.06\,\mathrm{kPa} = 735\,\mathrm{mmHg} \tag{2.19}$$

■2.1.5 マノメータ（液柱圧力計）

前述の式 (2.11)，(2.14) などからわかるように，液体の高さの変化は，圧力の変化と対応している．このことより，液柱の高さを測ることによって，流体の圧力を求めることができる．この原理を応用した計器が，マノメータ (manometer) である．

（1） トリチェリのマノメータ

図 2.5 は，大気の圧力の作用を示す実験でトリチェリ[†]が使用したマノメータで，水銀の入った長さ約 $1\,\mathrm{m}$ のガラス管と，容器などからなる．鉛直に逆さまに立てられたガラス管の上部には，水銀のない部分が形成される．これをトリチェリの真空という．実際には，この部分に水銀の蒸気が入っているが，この圧力 p_{Hg} はわずかで，大気圧 p_a と比べて無視できる．水銀の密度を ρ_{Hg}，ガラス管内の水銀柱の高さを h とすると，つぎのようになる．

$$p_a = \rho_{\mathrm{Hg}}gh + p_{\mathrm{Hg}} \cong \rho_{\mathrm{Hg}}gh \tag{2.20}$$

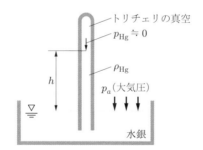

図 2.5 ■トリチェリのマノメータ（気圧計）

（2） ピエゾメータ

図 2.6 に示すように，鉛直に立てたガラス管で容器や管内の液体の圧力を測定する計器をピエゾメータ (piezometer) という．容器内の圧力 p_A（絶対圧力）は，次式より

[†] Evangelista Torricelli，1608〜1647 年．イタリアの物理学者・数学者．p. 88 で後述するように，1644 年にトリチェリの定理を発見．

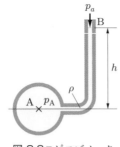

図 2.6 ■ ピエゾメータ

求められる.

$$p_A = p_a + \rho gh \qquad (絶対圧力) \tag{2.21}$$

ピエゾメータは，測定圧力が高く液柱が長くなる場合や，測定圧力が大気圧以下の場合，測定される流体が気体の場合などでは使用できない．

（3） U字管マノメータ

図 2.7 に示すように，U字形のガラス管を使用し，測定しようとする流体より密度の大きい液体を入れた液柱計を U字管マノメータ (U-tube manometer) という．これは，ピエゾメータが使用できない場合に使用する．容器内の A 点の圧力は，つぎのように求められる．

・B 点の圧力を p_B とすると，

$$p_B = p_A + \rho_1 gh_1 \tag{2.22}$$

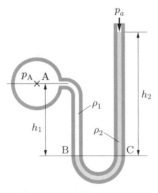

図 2.7 ■ U字管マノメータ

- C 点の圧力を p_C とすると，

$$p_C = p_a + \rho_2 g h_2 \tag{2.23}$$

となり，同じ流体中で同一高さの流体の圧力は等しいことより，$p_B = p_C$ である．よって，つぎのようになる．

$$p_A = p_a + g(\rho_2 h_2 - \rho_1 h_1) \tag{2.24}$$

（4）示差マノメータ

2 点間の圧力差を測る液柱計を示差マノメータ (differential manometer) といい，U 字管形や逆 U 字管形などがある．図 2.8 に示すように，密度 ρ の液体の入った U 字形マノメータを使用して，A 点と B 点の圧力差を求めると，つぎのようになる．

$$p_A - p_B = \rho g h + \rho_2 g(h_2 - h) - \rho_1 g h_1 \tag{2.25}$$

測定しようとする流体 (A 点と B 点における流体) が気体である場合には，$\rho_1, \rho_2 \ll \rho$ であるから，式 (2.25) は，

$$p_A - p_B = \rho g h \tag{2.26}$$

となり，A 点および B 点の 2 点における圧力差は，マノメータの液面差 h を読みとれば求められる．

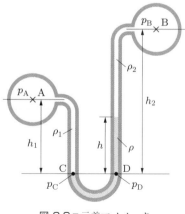

図 2.8 ■ 示差マノメータ

2.2　壁面に及ぼす流体の力

液体の入った容器やダムの壁，あるいはそれらにとり付けられている弁（バルブ）や水門（ゲート）にかかる流体の圧力による力の大きさや作用点などを予測することは，それらの設計や安全性の観点から重要である．

前節で述べたように，静止した流体中の特定の面，あるいは壁面に作用する流体の力は，面に垂直に作用する圧力による力のみであり，せん断力ははたらかない．

本節では，壁面に及ぼす流体の圧力による力や，それが1点に作用したと考えた場合の力の作用点の算出方法について述べる．まずは，その際，必要になる壁面の形状，すなわち図形の性質について説明する．

■2.2.1　図形の性質
（1）　断面一次モーメント（面積モーメント）と図心

図2.9に示すように，図形（だ円）中に微小面積dAをとる．このdAにx軸からの距離yを掛けた微小面積のモーメント$y\,dA$に対し，面積全体で積分した値$\int_A y\,dA$を断面一次モーメント (geometrical moment of area) または面積モーメントという．ここで，Aは図形の面積である．

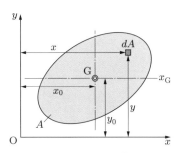

図2.9 ■だ円図形の面積の図心

この面積モーメントと，面積Aとx軸からの距離y_0の積を等しくおき，

$$\int_A y\,dA = A \times y_0 \qquad \therefore \quad y_0 = \frac{1}{A}\int_A y\,dA \tag{2.27}$$

で与えられるy_0を図心 (centroid) のy位置という．同様に，図心のy軸からの位置x_0は，次式で与えられる．

$$x_0 = \frac{1}{A}\int_A x\,dA \tag{2.28}$$

なお，図心は重心ともいう．一般に，図2.9で考えたような図形を固体平板とみなした場合，重心の位置で平板を安定して支えることができる．図心 (x_0, y_0) を通る軸に関する面積モーメント $\int_A x\,dA$ および $\int_A y\,dA$ は，$x_0 = 0$，$y_0 = 0$ となるので，ゼロとなる．

（2） 断面二次モーメント

（1）と同様に，図2.9の微小面積 dA に x 軸からの距離の2乗 y^2 を掛けた $y^2\,dA$ に対し，面積全体で積分した値，すなわち，

$$I_x = \int_A y^2\,dA \tag{2.29}$$

を，x 軸に関する断面二次モーメント (second moment of area，または，moment of inertia of area) という．断面二次モーメントは，距離の2乗に面積 dA が掛かっていることより，同じ面積でも基準の座標軸から遠方に位置するものの寄与が拡大されていることがわかる．同様に，

$$I_y = \int_A x^2\,dA \tag{2.30}$$

を y 軸に関する断面二次モーメントという．

具体的には，長方形（幅 a，高さ b）と円形（直径 d）の断面二次モーメントは，それぞれ $ab^3/12$，$\pi d^4/64$ となる．

（3） 平行軸の定理

図2.10に示すように，x 軸から図心 G までの距離を y_0 とし，図心を通り x 軸に平行な軸を x_{G} 軸とする．

x_{G} 軸に直交するように図形内に y 軸をとって，x 軸に関する断面二次モーメントを求めると，

$$I_x = \int_A (y_0 + y)^2\,dA = \int_A (y_0{}^2 + 2y_0 y + y^2)\,dA$$

$$= y_0{}^2 \int_A dA + 2y_0 \int_A y\,dA + \int_A y^2\,dA = y_0{}^2 A + 0 + I_{x_{\mathrm{G}}} \tag{2.31}$$

となる．ここで，式 (2.31) の第4辺第2項の $\int_A y\,dA$ は，図心（重心）を通る軸に関する面積モーメントであるので，ゼロとなる．式 (2.31) は $I_{x_{\mathrm{G}}} = I_{\mathrm{G}}$ とおくと，

$$I_x = I_{\mathrm{G}} + y_0{}^2 A \tag{2.32}$$

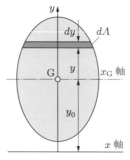

図 2.10 ■ 平行軸の定理

となる．ここで，I_G は x_G 軸に関する断面二次モーメントである．この式 (2.32) を，平行軸の定理 (theorem of parallel axis) という．この式は，つぎに述べる平面壁に及ぼす流体の圧力による力の作用点を求める際に使用される．

■2.2.2　壁面に及ぼす流体の力

（1）　垂直な平面壁の場合

図 2.11 に示すように，垂直に設置されている平面壁（扉）に及ぼす静止流体の力を求めよう．これまで述べてきたように，壁に及ぼす静止流体の力は，圧力による力のみで，せん断力はない．

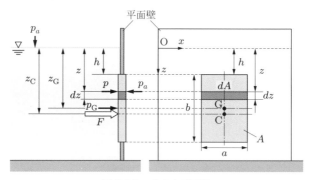

図 2.11 ■ 垂直な平面壁

まず，図に示すように，座標系として，平面壁上の水面の位置を原点とし，鉛直方向下向きに z 軸，水平方向右向きに x 軸をとり，水面下 z の位置にある微小面積 $dA = a\,dz$ に及ぼす流体の圧力による力 dF を求める．ここで，a は長方形板（扉）の幅であり，dz は微小面積の z 方向の長さである．

　深さ z における液体側の圧力は, [大気圧＋深さ z に比例する圧力], すなわち $p_a + \rho g z$ であり, 気体側の圧力は大気圧 p_a である. これらより, 微小面積 dA に作用する圧力による力 dF は,

$$dF = [(p_a + \rho g z) - p_a]\,dA = \rho g z\,dA = \rho g z a\,dz \tag{2.33}$$

となる. 面積 A をもつ長方形板（扉）に作用する圧力による力を全圧力 (total hydrostatic force) といい, 全圧力（単位は力）F は,

$$
\begin{aligned}
F &= \int_A dF = \int_A \rho g z\,dA = \int_h^{h+b} \rho g z a\,dz \\
&= \rho g \int_h^{h+b} a z\,dz = \rho g a b\left(h + \frac{b}{2}\right)
\end{aligned}
\tag{2.34}
$$

となる. ここで, b は長方形板の z 方向の長さ, h は長方形板上端の水面からの深さであり, 長方形板の面積は $A = a \times b$, 長方形板の重心の深さは $z_G = h + b/2$ であることを考慮すると, 全圧力は,

$$F = \rho g z_G A \tag{2.35}$$

となる. この式 (2.35) より, 全圧力（力）は, 長方形板の重心の位置における圧力 ($\rho g z_G$) と長方形板の面積との積より求められることがわかる.

　つぎに, 水門などの設計に必要な, 式 (2.35) で求められた全圧力が長方形板の 1 点に作用したと考えた場合の, 全圧力の作用点の位置 z_C, すなわち圧力中心 (center of pressure) を求める. ところで, 長方形板上の圧力は深さに比例して変化するので, 長方形板には深さに比例した力が局所的に作用していることになる.

　このことを考慮すると, x 軸まわりの長方形板に作用する力のモーメントの式は,

$$z_C F = \int_A z\,dF = \int_A z \rho g z\,dA = \rho g \int_A z^2\,dA \tag{2.36}$$

となる. ここで, $\int_A z^2\,dA$ は前項で述べた x 軸に関する断面二次モーメントである. 長方形板の図心を通る x 軸に平行な軸に関する断面二次モーメントを I_G とすると, 式 (2.32) で示した平行軸の定理より,

$$\int_A z^2\,dA = I_G + A z_G{}^2 \tag{2.37}$$

となる. 式 (2.35) と式 (2.36), (2.37) より,

$$z_{\mathrm{C}} = \frac{\rho g \displaystyle\int_A z^2 \, dA}{F} = \frac{\rho g (I_{\mathrm{G}} + A z_{\mathrm{G}}{}^2)}{\rho g z_{\mathrm{G}} A} \qquad \therefore \quad z_{\mathrm{C}} = z_{\mathrm{G}} + \frac{I_{\mathrm{G}}}{A z_{\mathrm{G}}} \qquad (2.38)$$

となり，式 (2.38) より，圧力中心の位置は，図心より $I_{\mathrm{G}}/A z_{\mathrm{G}}$ だけ深い位置にくることがわかる．

例題 2.1

図 2.11 に示すような，幅 $a = 1.0\,\mathrm{m}$，高さ $b = 2.2\,\mathrm{m}$ の水門（平面壁）が，水面より深さ $h = 1.5\,\mathrm{m}$ のところに設置されている．この水門の図心 z_{G} における圧力 p_{G}，水門に作用する力 F，および圧力中心 z_{C} を求めよ．ただし，水の密度 $\rho_w = 1000\,\mathrm{kg/m^3}$，大気圧 $p_a = 101.3 \times 10^3\,\mathrm{Pa}$，重力加速度 $g = 9.8\,\mathrm{m/s^2}$ とする．

解答

図心 z_{G} における圧力 p_{G} は，

$$p_{\mathrm{G}} = \rho_w g z_{\mathrm{G}} = 1000\,\mathrm{kg/m^3} \times 9.8\,\mathrm{m/s^2} \times \left(1.5 + \frac{2.2}{2}\right)\,\mathrm{m}$$
$$= 25.5\,\mathrm{kPa}$$

となる．水門に作用する力 F は，式 (2.35) より，

$$F = \rho g z_{\mathrm{G}} A = p_{\mathrm{G}} A = 25.5\,\mathrm{kPa} \times (1.0 \times 2.2)\,\mathrm{m^2} = 56.1\,\mathrm{kN}$$

となり，圧力中心 z_{C} は，式 (2.38) より，つぎのようになる．

$$z_{\mathrm{C}} = z_{\mathrm{G}} + \frac{I_{\mathrm{G}}}{z_{\mathrm{G}} A} = 2.6\,\mathrm{m} + \frac{\dfrac{1.0\,\mathrm{m} \times 2.2^3\,\mathrm{m^3}}{12}}{2.6\,\mathrm{m} \times 2.2\,\mathrm{m^2}} = 2.76\,\mathrm{m}$$

（2）　斜め平面壁の場合

図 2.12 に示すように，液面（水平面）と角度 θ をなす平面壁を考え，壁面上の任意の図形（たとえば，水門，扉，透明プラスチック窓など）に作用する流体の圧力による力，いわゆる全圧力を求めよう．

平面壁に作用する流体の圧力は，流体のある側の圧力だけを考えることとする†．

図に示すように，O 点を原点とし，液面と平面壁との交線を x 軸，x 軸に直角で平面壁に沿う軸を y 軸とする．図形上に x 軸と平行な微小面積 dA をとり，その面積上

---

† これは，大気圧を基準としたゲージ圧力で考えることと同じ意味である．

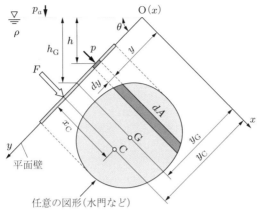

図 2.12 ■ 斜め平面壁

の流体の圧力を p（ゲージ圧力）とし，dA に作用する圧力 p による力を dF とすると，

$$dF = p\,dA = \rho g y \sin\theta\,dA \tag{2.39}$$

となる．よって，図形の面積 A に作用する圧力による力の合力 (resultant force)，いわゆる全圧力（単位は力）は，

$$F = \int_A \rho g y \sin\theta\,dA = \rho g \sin\theta \int_A y\,dA \tag{2.40}$$

となる．ところで，式 (2.27) で示した図心の定義より，

$$\int_A y\,dA = y_G A \tag{2.41}$$

となり，よって，

$$F = \rho g y_G \sin\theta A = \rho g h_G A = p_G A \tag{2.42}$$

となる．この式は，前述の式 (2.35) とまったく同じで，液中にある平面壁に作用する全圧力の大きさは，壁面の傾きに関係なく，壁面の図心における圧力 p_G と壁面の面積 A の積に等しくなることがわかる．

つぎに，全圧力の作用点である圧力中心を求めよう．この求め方も，前述の垂直に置かれた平面壁の場合と同様であるが，以下に再び述べる．

全圧力が 1 点に作用した場合の位置（距離）を y_C とする．平面上の各面積要素に作用する圧力による力の x 軸まわりのモーメントの総和と，全圧力 F が 1 点に作用し

たときの力のモーメント Fy_C は等しいことより，

$$Fy_C = \int_A y\,dF = \int_A y(\rho g y \sin\theta\,dA) = \rho g \sin\theta \int_A y^2\,dA \qquad (2.43)$$

となり，式 (2.43) より，

$$y_C = \frac{\rho g \sin\theta \displaystyle\int_A y^2\,dA}{F} = \frac{\rho g \sin\theta \displaystyle\int_A y^2\,dA}{\rho g y_G \sin\theta A} = \frac{\displaystyle\int_A y^2\,dA}{y_G A} = \frac{I_x}{y_G A} \quad (2.44)$$

となる．ここで，式 (2.32) の平行軸の定理の式 $I_x = I_G + y_G{}^2 A$ を代入すると，

$$y_C = y_G + \frac{I_G}{Ay_G} \qquad (2.45)$$

となる．式 (2.45) は，前述の式 (2.38) と同じで，圧力中心は図心より深い位置にくることを示している．

（3）　曲面壁の場合

図 2.13 に示すように，曲面壁の片側に流体がある場合について，曲面壁に及ぼす流体の力（圧力による力）について考える．

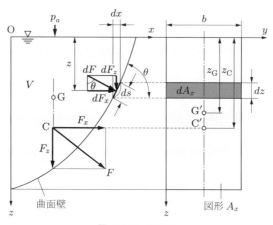

図 2.13 ■ 曲面壁

図に示すように，水面（自由表面）上に原点をとり，水面上右向きに x 座標，水面から鉛直下向きに z 軸，奥行き方向（紙面に直角方向）に y 座標をとる．

まず，水面からの距離（深さ）が z の位置にある曲面壁上に，微小長さ ds，幅 b よりなる微小面積 dA を考え，この面積に作用する力 dF を求めると，

$$dF = p\,dA = pb\,ds \qquad (2.46)$$

となる．ここで，微小面積は $dA = b\,ds$ で，p は微小面積にかかる圧力で，$p = \rho g z$（ゲージ圧力）である．つぎに，この力 dF の水平方向分力 dF_x を求めると，

$$dF_x = dF\sin\theta = \rho g z\,dA\sin\theta = \rho g z b\,ds\sin\theta \tag{2.47}$$

となり，ここで，$ds\sin\theta = dz$ を代入すると，

$$dF_x = \rho g z b\,dz = \rho g z\,dA_x \tag{2.48}$$

となる．ここで，dA_x は，図に示すように，微小面積 dA の yz 平面への投影面積である．式 (2.48) より，微小面積 dA に作用する圧力による力の x 方向成分は，面積 dA の yz 平面上での投影面積 dA_x に作用する圧力による力に等しいことがわかる．

さて，式 (2.48) を曲面に沿って積分すると，

$$F_x = \int_A dF_x = \int_{A_x} \rho g z b\,dz = \rho g \int_{A_x} z b\,dz \tag{2.49}$$

となる．ここで，$b\,dz = dA_x$ を代入すると，

$$F_x = \rho g \int_{A_x} z\,dA_x \tag{2.50}$$

となる．式 (2.50) より，曲面に作用する圧力による力の合力，すなわち全圧力（力）の水平方向成分は，yz 平面に投影した面積 A_x に作用する全圧力に等しくなることがわかる．ここで，図心に関する式 $\int_{A_x} z\,dA_x = z_G A_x$ を代入すると，

$$F_x = \rho g z_G A_x \tag{2.51}$$

となる．ここで，z_G は投影面積 A_x の図心の位置である．F_x の作用する点の位置 z_C は，垂直平面壁の場合と同様に，次式から求められる．

$$z_C = z_G + \frac{I_G}{z_G A_x} \tag{2.52}$$

ここで，I_G は図心 G' を通る軸に関する断面二次モーメントである．

つぎに，微小面積 dA に作用する力 dF の鉛直方向分力 dF_z を求めると，つぎのようになる．

$$dF_z = dF\cos\theta = \rho g z\,dA\cos\theta = \rho g z b\,ds\cos\theta = \rho g z b\,dx \tag{2.53}$$

式 (2.53) を，前述と同様にして，曲面に沿って積分すると，

$$F_z = \int_A dF_z = \rho g \int z b\,dx = \rho g \int dV = \rho g V \tag{2.54}$$

となる．ここで，V は曲面の上側にある液体の体積である．式 (2.54) より，F_z は曲面の上側にある液体の重量（重力）に等しくなることがわかる．

曲面にかかる合力，すなわち全圧力（単位は力）は，F_x と F_z を合成して，

$$F = \sqrt{F_x{}^2 + F_z{}^2} \tag{2.55}$$

となる．

2.3　浮力および浮揚体

■2.3.1　浮　力

流体中に完全に浸っている，あるいは一部浸っている各種の物体，たとえば深海を観測する潜水艇や計測器の入った圧力容器，船や空気中に浮ぶ気球などは，物体が排除した流体の重量に等しい浮力 (buoyant force または buoyancy) を受ける．これは，アルキメデスの原理，またはアルキメデスの法則 (Archimedes' principle または Archimedes' law) としてよく知られているが，これを，いままで述べてきた静止流体中の圧力の性質などを用いて考えてみる．

図 2.14 に示すように，一定密度 ρ の静止流体中にある体積 V_0 の物体を考えると，物体の全表面に，重力場における流体の圧力による力が作用する．

まず，図に示すように，物体から切りとった，表面積が微小な鉛直柱状体を考え，この柱状体の上面（面積 dA_1）および下面（面積 dA_2）に作用する流体の圧力による力を求めると，それぞれ $\rho g z_1\, dA_1$，$\rho g z_2\, dA_2$ となる．この力は，面積 dA_1 および dA_2 に垂直に作用するが，これらの力の鉛直方向成分を求めると，それぞれ，

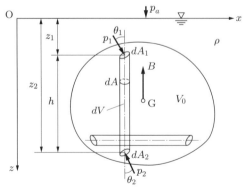

図 2.14 ■浮力

$$\rho g z_1 \, dA_1 \cos\theta_1 = \rho g z_1 \, dA \tag{2.56}$$

$$\rho g z_2 \, dA_2 \cos\theta_2 = \rho g z_2 \, dA \tag{2.57}$$

となる．ここで，dA は微小鉛直柱状体の水平横断面積である．よって，この微小柱状体の上面と下面に作用する流体の圧力による力の鉛直方向成分 dF_z は，

$$dF_z = \rho g z_1 \, dA - \rho g z_2 \, dA = -\rho g (z_2 - z_1) \, dA \tag{2.58}$$

となる．ここで，微小柱状体の長さと体積を，$z_2 - z_1 = h$，$h \, dA = dV$ とおくと，

$$dF_z = -\rho g \, dV \tag{2.59}$$

となる．式 (2.59) を物体全体にわたって積分すると，

$$F_z = -\int dF_z = -\rho g \int dV = -\rho g V_0 \tag{2.60}$$

となる．ここで，負号 $(-)$ は z の負の方向，すなわち上向きを意味する．式 (2.60) より，静止流体中にある物体には，

$$B = \rho g V_0 \tag{2.61}$$

の浮力が上向きに作用する，すなわちアルキメデスの法則が導出されたことがわかる．

　水平方向に関しては，図に示すように，同一水平面上に微小な水平柱状体を切りとって，この柱状体の左端表面と右端表面に作用する流体圧力について考えると，2.2.2 項（3）の曲面壁に関する考え方が適用できる．つまり，微小な水平方向柱状体の両端に作用する流体の圧力による力は，大きさは等しくなるが，向きは互いに逆になることがわかる．これより，静止流体中の物体の全表面に作用する流体圧力による力の水平方向成分は，総計するとゼロとなる．そのため，物体には全体として水平方向に力は作用せず，物体は水平方向には移動しないので静止状態を保つことがわかる．

■2.3.2　浮揚体と安定性

　前項では，流体中に存在する，すなわち浸っている物体の物体表面に作用する流体の圧力による力についてのみを考えたが，ここでは，物体の安定性に関係する流体の圧力による力と物体の密度，すなわち重力の影響について考える．

　密度 ρ が一定の，静止流体中に一部あるいは全部沈んでいる物体の全体積を V_0，密度を ρ_0 とすると，物体には重力（重量）$W = \rho_0 g V_0$ が鉛直方向に作用する．この重

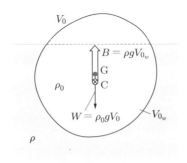

図 2.15 ■ 浮揚体

力が，前述の物体に作用する浮力 $B = \rho g V_0$ より小さければ，つまり $\rho_0 < \rho$ ならば，物体は浮上して，図 2.15 に示すように，一部が大気中に現れる．

このときの水面より下にある物体の体積（流体の排除体積）を V_{0_w} とすると，この物体に作用する浮力は $B = \rho g V_{0_w}$ となる．この物体に作用する浮力と重力の大きさが釣り合った位置で物体は静止する．このとき，重心と浮力の中心は同一の鉛直線上にある．この軸を浮揚軸という．

浮力によって液体表面に浮いている物体を，浮揚体 (floating body) という．図 2.16 (a)，(b) に示すように，浮揚体が傾くと，すなわち浮揚軸が角度 θ だけ傾くと，浮力の中心は C から C′ に移動し，浮揚体には，浮力と重力による偶力[†]のモーメントが発生する．同図 (a) の場合には，偶力は復元力として作用し，物体を元の位置に戻すようにはたらくので安定である．同図 (b) の場合には，偶力は物体の傾きを増す方向にはたらくので，物体は不安定となる．一方，同図 (c) の場合には偶力は発生せず，中立である．

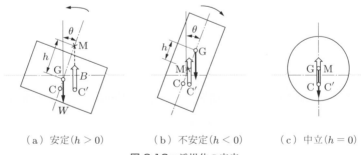

（a）安定($h > 0$)　　（b）不安定($h < 0$)　　（c）中立($h = 0$)

図 2.16 ■ 浮揚体の安定

---

† 図 2.16 (a) に示す浮力 B と重力 W のように，同じ大きさで間隔をもって反対向きに作用する一組の平行力を偶力といい，偶力によって回転させようとするはたらきを偶力のモーメントという．

あらたに移動した浮力の作用線と浮揚軸が交わる M 点をメタセンタ (metacenter)
といい，重心 G とメタセンタの間の距離 h をメタセンタの高さ (metacentric height)
という．メタセンタの高さによって，浮揚体の安定性が判別できる．すなわち，メタ
センタ M が重心 G より上にある場合（$h > 0$ の場合）には，物体は安定であり，M が
G より下にある場合（$h < 0$ の場合）には，物体は不安定となり，M と G が一致する
場合（$h = 0$ の場合）には，物体は中立である．

なお，物体が液中に完全に浸っている場合には，重心 G が浮力の中心 C より下方に
ある場合に限って物体は安定である．

2.4 相対的静止の状態の流体

電車の床に置かれた容器内の流体（液体）について考えてみる．電車が一定の速度
または加速度で運動しているとき，電車の外にいる地上の観測者からみると流体は電
車と一体となって運動しているが，電車内にいる観測者からみると，容器と同様に静
止している．このように，電車内に置かれた容器内の流体は，電車内の観測者からみ
ると静止の状態にあり，電車あるいは容器に固定した座標系では静止流体の問題とし
てとり扱うことができる．このことを，以下に式を使って説明しよう．

地上に固定した座標系を用いると，物体の運動方程式（ニュートンの運動の第 2 法
則）は，一般に，

$$F = m\alpha \tag{2.62}$$

で表される．ここで，F は物体に加える力，m は物体の質量，α は物体運動の速度の
時間的変化割合，すなわち加速度である．

さて，式 (2.62) は，式の右辺を左辺に移項すると，

$$F + (-m\alpha) = 0 \tag{2.63}$$

と書き改めることができる．ここで，$(-m\alpha)$ で表される力は，物体に加える作用力 F
と逆向きに作用する力または慣性力 (inertia force) という．

式 (2.63) は，力の観点からみると，物体に加える力 F と慣性力 $(-m\alpha)$ の合力はゼ
ロになり，物体は運動せず，静止状態にあることを表している．また，座標系の観点
からみると，式 (2.63) は，物体に固定または物体とともに移動する座標系で，物体の
運動を調べていることになる．

上述のように，慣性力を考えることによって，運動している物体（流体）の動力学
の問題は，静止状態の物体（流体）の静力学の問題としてとり扱うことができる．こ
れをダランベールの原理 (d'Alembert's principle) という．

■2.4.1 　水平方向に一定加速度で運動する容器内の流体

図 2.17 に示すように，一定加速度 α で運動している容器に入っている液体の運動を
容器に固定した座標系で考える．

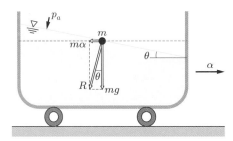

図 2.17 ■一定加速度で運動する容器内の流体

最初に，液面の形状について考える．液面（自由表面）は，運動開始前は，図中の
破線で示すように水平であるが，運動開始後しばらく経つと定常状態になり，実線で
示したように傾く．この液面の傾き角度を θ として，これを求める．

液面に質量 m をもつ微小な流体粒子（微小流体要素）があると考えると，この流体
粒子にはたらく力は，鉛直下向きに重力 mg，運動の向きと逆向きの慣性力 $m\alpha$ であ
る．これら二つの力の合力を R とすると，

$$R = \sqrt{(mg)^2 + (m\alpha)^2} = m\sqrt{g^2 + \alpha^2} \tag{2.64}$$

となり，合力 R は mg と $m\alpha$ とのベクトル和の方向にはたらき，この合力ベクトルの
方向は液面に対して直角となる．なぜなら，合力ベクトルが液面と直角をなさず，液
面に接する方向に合力の成分をもつとすると，流体粒子は液面に接する方向に流動し，
流体は静止状態とならないからである．すなわち，液面および液面に平行な面が静止
状態を保つためには，液体中の流体粒子に作用する力の合力は，液面に対して直角に
作用しなければならない．

図 2.17 に示すように，合力 R と重力 mg とのなす角度を θ とすると，角度 θ，すな
わち液面の傾き角 θ は，つぎのようになる．

$$\tan\theta = \frac{m\alpha}{mg} = \frac{\alpha}{g} \qquad \therefore \quad \theta = \tan^{-1}\left(\frac{\alpha}{g}\right) \tag{2.65}$$

　つぎに，容器内の流体中の圧力分布を求めよう．まず，鉛直方向について考える．図 2.18 に示すように，流体中に微小断面積 dA をもつ長さ h の柱状体 BC を考えると，この柱状体に作用する鉛直方向の力は，水平方向の慣性力は考慮する必要がなく，重力 $\rho gh\,dA$ と柱状体の上面と下面に作用する圧力による力 $(p_C\,dA - p_a\,dA)$ である．この二つの力は釣り合っていることより，

$$(p_C - p_a)\,dA = \rho gh\,dA \qquad \therefore \quad p_C = \rho gh + p_a \tag{2.66}$$

となる．式 (2.66) より，鉛直方向に関しては，流体中の圧力は，2.1.3 項で求めた重力場における静止流体中の圧力と同様，深さ h に比例して増加することがわかる．

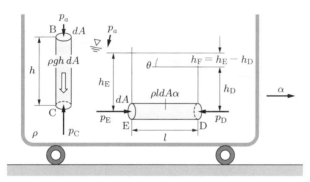

図 2.18 ▪ 水平方向の加速度

　水平方向の圧力分布に関しては，図 2.18 に示す微小断面積 dA をもつ長さ l の柱状体 DE を用いて考える．この柱状体に作用する水平方向の力は，柱状体の両端に作用する圧力による力と慣性力であり，これら二つの力は釣り合っている．すなわち，

$$(p_E - p_D)\,dA - \rho \alpha l\,dA = 0 \qquad \therefore \quad p_E = \rho \alpha l + p_D \tag{2.67}$$

となる．式 (2.67) より，同一水平面上では，加速度 α に関係する慣性力が流体に加わり，流体の圧力は水平方向の距離に比例し，増加することがわかる．

　ところで，$p_E = \rho gh_E + p_a$，$p_D = \rho gh_D + p_a$，$h_E - h_D = h_F$ を考慮すると，式 (2.67) は，$\rho \alpha l = p_E - p_D = \rho g(h_E - h_D) = \rho gh_F$ となる．よって，

$$\frac{\alpha}{g} = \frac{h_F}{l} = \tan\theta \qquad \therefore \quad \theta = \tan^{-1}\left(\frac{\alpha}{g}\right) \tag{2.68}$$

となる．これより，図 2.18 に示す考え方をしても，前述の式 (2.65) と同じ式，すなわち液面の傾きを与える式を導出できることがわかる．

■2.4.2　鉛直方向に一定加速度で運動する容器内の流体

図 2.19 に示すように，密度 $\rho = \mathrm{const.}$ の流体（液体）の入っている容器を鉛直上方に加速度 α で運動させる場合の流体内の圧力について考える．流体内に微小断面積 dA，長さ h をもつ鉛直柱状体を考えると，これに作用する力は，上向きを正にとると，重力 $-\rho g h\, dA$，柱状体の上面と下面に作用する圧力による力 $(p_{\mathrm{C}} - p_{\mathrm{B}})\, dA$，および加速度 α による慣性力 $-\rho \alpha h\, dA$ である．これらの力は釣り合っていることより，

$$-\rho g h\, dA + (p_{\mathrm{C}} - p_{\mathrm{B}})\, dA - \rho \alpha h\, dA = 0 \tag{2.69}$$

となり，両底面に作用する圧力差 $(p_{\mathrm{C}} - p_{\mathrm{B}})$ を Δp とおくと，

$$\Delta p = p_{\mathrm{C}} - p_{\mathrm{B}} = \rho g h \left(1 + \frac{\alpha}{g} \right) \tag{2.70}$$

となる．式 (2.70) より，鉛直方向に距離が h だけ離れた 2 点間の圧力差は，$\alpha = 0$（容器が静止状態）の場合，$\Delta p = \rho g h$ となり，通常の重力場の場合と同じになる．容器が鉛直上向きに加速している場合には，圧力差は増加することと，また容器が鉛直下向きに加速している場合には，2 点間の圧力差は減少することがわかる．容器を自由落下させた場合，すなわち $\alpha = -g$ の場合，式 (2.70) より，$\Delta p = 0$ となり，流体中の各点で圧力差はなくなり，いわゆる無重力状態がつくり出されることがわかる．

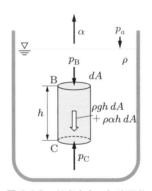

図 2.19 ■ 鉛直方向の加速運動

■2.4.3　一定角速度で鉛直軸まわりを回転する容器内の流体

（1）　物体の等速円運動

一定角速度で回転する容器内の流体の問題を考えるまえに，等速円運動を行う物体の力学の要点について述べる．円周上を一定の速さでまわる物体の運動を，等速円運動という．図 2.20 に示すように，物体 B が半径 $r\,[\mathrm{m}]$ の円周上を速さ $v\,[\mathrm{m/s}]$ で等速

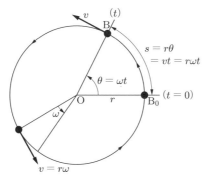

図 2.20 ■ 物体の等速円運動

円運動するとき，角度の単位としてラジアン [rad] をとり，時間 t [s] の間での回転角を θ [rad]，移動距離を s [m] とすると，$s = r\theta$ となる．したがって，物体の速さ v は，

$$v = \frac{s}{t} = r\frac{\theta}{t} = r\omega \tag{2.71}$$

となる．ここで，$\omega = \theta/t$ [rad/s] は，単位時間 1 [s] あたりの回転角 [rad] で，角速度という．式 (2.71) より，$v = r\omega = \text{const.}$ の等速円運動は，角速度 ω が一定の円運動であると表現できる．

　物体が等速円運動を行う場合，物体の加速度は，円の中心に向かっており，

$$\alpha = v\omega = r\omega^2 = \frac{v^2}{r} \tag{2.72}$$

となる．したがって，質量 m の物体を等速円運動させるためには，

$$F = m\alpha = m\frac{v^2}{r} \tag{2.73}$$

で表される力を，加速度と同じ向きに，すなわち円の中心に向かって作用させなければならない．この力を向心力という．この向心力によって，物体の速度の向きは絶えず円の接線方向となる．

（2）　一定角速度で回転する容器内の流体

　さて，つぎに，回転する容器内の流体の問題を考えてみよう．図 2.21 に示すように，円筒状の容器のなかに流体（液体）を入れ，中心軸のまわりに一定角速度 ω で回転させると，最初水平だった液面（自由表面）は形状を変える．最終的には中心部がくぼみ，容器壁近くで盛り上がる形状となり，流体は容器と一体となって，あたかも剛体のように，角速度 ω で回転するようになる．

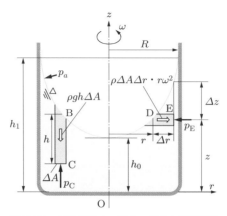

図2.21 ■回転容器内の流体の圧力と液面形状

　この流体の運動を容器に固定した座標系，すなわち，流体は相対的静止の状態と考えると，流体には半径方向外向きに遠心力（慣性力）が作用する．まず，このときの容器内の流体の圧力分布を求めてみる．

　図 2.21 に示すように，容器底面の中心を原点 O とし，鉛直方向上向きに z 座標，半径方向外向きに r 座標をとる．

　図に示すように，流体中に微小な断面積 ΔA と高さ h をもつ柱状体 BC に注目し，この柱状体に作用する力を考える．柱状体に作用する力は，鉛直下向きの重力 $-\rho g h\,\Delta A$ と，柱状体の上面と底面に作用する圧力による力 $(-p_a\,\Delta A + p_C\,\Delta A)$ である．ここで，p_a は液面上の大気圧，p_C は柱状体底面における圧力である．流体は静止状態とみなされるので，これら二つの力は釣り合っている．したがって，

$$-\rho g h\,\Delta A + (-p_a\,\Delta A + p_C\,\Delta A) = 0 \qquad \therefore \quad p_C - p_a = \rho g h \qquad (2.74)$$

となる．式 (2.74) より，流体中の鉛直方向の圧力は，重力場における関係と同様，深さ h に比例して上昇することがわかる．

　つぎに，流体中の同じ深さの面（容器底面に平行な面）上における半径方向の圧力分布を求めてみる．図 2.21 に示すように，長さ Δr，断面積 ΔA をもつ微小流体円柱 DE に注目すると，これに作用する力は，圧力による力と遠心力（慣性力）である．半径 r の位置における圧力を p とすると，微小流体円柱に作用する圧力による力は，

$$p\,\Delta A - (p + \Delta p)\,\Delta A = -\Delta p\,\Delta A \qquad\qquad\qquad (2.75)$$

となり，微小流体円柱に作用する遠心力は，外向きに $\rho\,\Delta A\,\Delta r(r\omega^2)$ となる．この二つの力は釣り合っていることより，

$$-\Delta p\,\Delta A + \rho\,\Delta A\,\Delta r(r\omega^2) = 0 \qquad \therefore \quad \frac{\Delta p}{\Delta r} = \rho r\omega^2 \tag{2.76}$$

となる．流体中の圧力 p は，同一深さ（$z = \mathrm{const.}$ の同一水平面）上では，r のみの関数であることを考慮し，式 (2.76) を微分形で表すと，

$$\frac{dp}{dr} = \rho r\omega^2 \tag{2.77}$$

となる．この式を r に関して積分すると，

$$p = \frac{1}{2}\rho\omega^2 r^2 + C \tag{2.78}$$

となる．ここで，C は積分定数である．$r = 0$，$z = h_0$ における圧力を p_a（大気圧）とおくと，流体中の圧力 p は，

$$p = \frac{1}{2}\rho\omega^2 r^2 + p_a \tag{2.79}$$

となる．この式 (2.79) は，一定角速度 ω で回転する容器内の流体の，同一深さ面における，圧力 p と中心からの距離 r の関係を表している．この式より，同一深さの面上では，中心部に近いほど流体の圧力は低く，中心部から遠くなるにつれて流体の圧力は高くなることがわかる．

続いて，一定角速度で回転する容器内の流体（液体）の液面形状を求めてみよう．図 2.22 に示すように，微小断面積 ΔA，長さ Δr をもつ微小流体柱状体 DE に注目して考える．

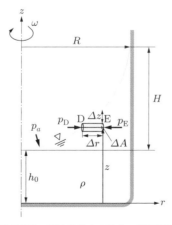

図 2.22 ■ 回転容器内の液体の液面形状

　柱状体の端面 E から液面までの距離を Δz とすると，端面 E の圧力 p_E は，

$$p_E = \rho g \, \Delta z + p_a \tag{2.80}$$

となる．よって，柱状体の両端面に作用する圧力による力は，

$$(p_a - p_E) \, \Delta A = -\rho g \, \Delta z \, \Delta A \tag{2.81}$$

となり，これは中心に向かって作用している．

　微小流体柱状体に作用する遠心力は，$\rho \, \Delta r \, \Delta A (r\omega^2)$ であり，これは中心から外側の向きに作用している．これら二つの力は釣り合っていることより，

$$-\rho g \, \Delta z \, \Delta A + \rho \, \Delta r \, \Delta A (r\omega^2) = 0 \qquad \therefore \quad \Delta z = \frac{r\omega^2}{g} \, \Delta r \tag{2.82}$$

となる．これを微分形で表すと，

$$dz = \frac{r\omega^2}{g} \, dr \tag{2.83}$$

となる．式 (2.83) を積分すると，

$$z = \frac{\omega^2 r^2}{2g} + C \tag{2.84}$$

となる．ここで，C は積分定数であり，$r = 0$ のとき $z = h_0$ とおくと，$C = h_0$ となる．よって，

$$z = \frac{\omega^2 r^2}{2g} + h_0 \qquad \therefore \quad z - h_0 = \frac{\omega^2 r^2}{2g} \tag{2.85}$$

となる．式 (2.85) より，液面の形状は，回転放物面 (paraboloid of revolution) になることがわかる．

　容器の半径を R とし，容器底面から容器側壁面における液面の高さを $h_0 + H$ とすると，式 (2.85) より，

$$H + h_0 = \frac{\omega^2 R^2}{2g} + h_0 \qquad \therefore \quad H = \frac{\omega^2 R^2}{2g} \tag{2.86}$$

となる．よって，

$$\omega = \frac{1}{R} \sqrt{2gH} \tag{2.87}$$

となる．式 (2.87) より，容器壁での液面の高さ H を測定すると，容器の回転角速度 ω を求めることができる．

演習問題

2.1 図 2.23 に示すように，水銀の入った U 字管マノメータが水タンクに接続されている．A 点での絶対圧力とゲージ圧力を求めよ．ただし，液面差 $h_1 = 0.6\,\text{m}$，$h_2 = 0.2\,\text{m}$，水の密度 $\rho_w = 1000\,\text{kg/m}^3$，水銀の比重 $s = 13.6$，大気圧 $p_0 = 101.3 \times 10^3\,\text{Pa}$ とする．

2.2 図 2.24 に示すように，タンクに接続された水平円管内に管と同一直径 d の円形弁が水面から H の深さにとりつけられている．水の密度を ρ_w，重力加速度を g とし，以下の問いに答えよ．

  (1) 円形弁に作用する水の圧力による力（全圧力）F を求めよ．

  (2) 全圧力 F が円形弁の 1 点に作用した場合の位置（圧力中心）y_C を求めよ．

  (3) 円形弁は中心を通る水平軸まわりに回転できるようになっている．円形弁が，円形弁に作用する圧力による力によって回転しないようにするための，軸に加えるモーメントを求めよ．

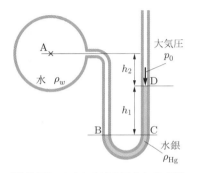

図 2.23 ▪ 水タンク内の圧力と U 字管
マノメータ

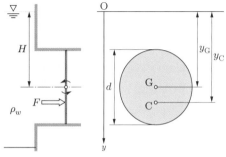

図 2.24 ▪ 円形弁に作用する流体による力

2.3 大きな氷塊（比重 0.92）が海水（比重 1.025）に浮かんでいる．以下の問いに答えよ．ただし，水の密度 $\rho_w = 1000\,\text{kg/m}^3$，重力加速度 $g = 9.8\,\text{m/s}^2$ とする．

  (1) 海水の密度 ρ_{sw}，氷の密度 ρ_{ice} を求めよ．

  (2) 海水面より上に出た氷塊の容積を測定したところ，$18\,\text{m}^3$ であった．海水面より下にある氷塊の容積 V を求めよ．また，氷塊の全重量（重力）W を求めよ．

2.4 水の入った容器を水平方向に一定加速度で移動させた場合，液面の傾き角度が $30°$ になった．このときの容器の加速度を求めよ．

2.5 図 2.22 に示すような，半径 $R = 30\,\text{cm}$ の円筒容器に水を入れ，80 rpm（毎分回転数）で回転させた．このときの水面の高低差（容器の中心部と容器内壁面上の水位差）H を求めよ．

第3章 流体運動の基礎

前章では，静止状態にある流体のもつ性質について述べたが，実際の流体は流動している．本章では，流れ状態にある流体の性質と流れの基礎概念について述べる．

最初に，1.1 節で述べたさまざまな流れ現象と流れの問題，流れ問題のとり扱い方，流体運動の基礎である質点系（物体）の運動，流体の運動の基礎概念などについて述べる．

つぎに，最も基本的な流れである一次元流れの基礎式，すなわち質量保存の法則である連続の式，流体粒子の加速度，流体粒子に作用する力，一次元非粘性流れの運動方程式などについて述べる．

最後に，流れ現象において重要な流体の回転運動と渦の基礎概念について述べる．

3.1 さまざまな流れの問題

表 1.1 でさまざまな流れ現象を挙げたが，本節ではその流れ現象の流れの問題について述べる．

流体の流れの問題については，未解明の問題がある．たとえば，機械・航空宇宙工学の分野においては，回転する羽根車によって流体に圧力や流れ（エネルギー）を付与するポンプ，逆に流体のもつ圧力や流れのエネルギーを羽根車の回転運動に変換するタービンに関連する流れの諸問題，自動車・航空機などの輸送に関連する流体抵抗や揚力，騒音などの流れの問題などがある．建築・化学・環境工学の分野では，河川・建築物，反応装置・大気汚染などに関連する流れの問題などがあり，生体・医工学の分野では，微小生物・鳥の飛翔・血液の流れの問題などがあり，スポーツ工学の分野では，野球やサッカーのボールなどの球状物体まわりの流れなど，非常に多種・多様な未解明の流れの諸問題が存在している．

3.2　流れ問題のとり扱い方

前節で述べたさまざまな流れの問題は，通常，以下の三つの方法で調べられる．

①　第1の方法は，1.3節で述べたように，流体を微小な流体要素（流体粒子）の集まり（連続体）としてとらえ，流体要素の運動を，流れ場の各点で調べて全体の流れのようすを調べる方法である．この方法は，最もよく用いられる方法であり，本章ではその基礎について詳細に述べる．

②　第2の方法は，比較的広い範囲にわたって，流体が全体的に流路壁や固体物体などの境界に及ぼす力，トルク，全エネルギーの変化などの効果を調べる方法である．この方法を，検査体積の方法 (control volume method) または運動量の法則（方法）といい，よく用いられるので，第5章で述べる．

③　第3の方法は，実験的な次元解析の方法である．これについては，専門の書籍にゆずることとし，本書ではとりあげない．

3.3　流れ模様を表す線

図3.1 (a)〜(c) に示すように，流体の運動，すなわち流れのようすを視覚的に理解するのに，通常，つぎの三つの線が用いられる．

①　流跡線 (path line)　この線は，流れのなかの一つの流体粒子（微小な流体要素）が，時間の経過につれて移動していく軌跡を示す．たとえば，この線は，図3.1 (a) に示すように，浮力と自重が釣り合った小さな風船が風のなかを飛ぶようすを，高速度カメラなどで連続的に観察した際にみられる風船の軌跡と類似している．

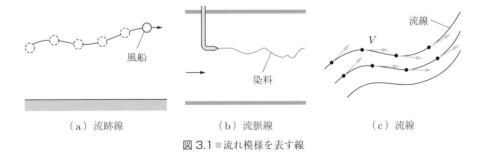

（a）流跡線　　　　　（b）流脈線　　　　　（c）流線

図3.1 ■ 流れ模様を表す線

② 流脈線 (streak line)　流れのなかの 1 点をつぎつぎに通過する流体粒子を結びつけた線で，流れの変動のようす，すなわち流脈を表す．具体的には，空間の 1 点，たとえば煙突の先から出る煙（固体微粒子）の描く線や，図 3.1 (b) に示すように，水の流れのなかに置かれた細管から出る染料の描く線で，これらの線は大気の乱れや，水流の乱れなどの流脈を示す．

③ 流線 (stream line)　一般に，流動している流体粒子の速度は，時間的，場所的に変化する．図 3.1 (c) に示すように，ある瞬間において，流れのなかに一つの線を考え，その線上の各点で引いた接線が流れの方向と一致する線を流線という．

　流れが時間的に変化しない，すなわち定常流れ (steady flow) の場合には，上述の流跡線，流脈線，流線は一致する．そのため，定常流れの場合，第一ステップとして，図 3.1 (a)，(b) に類似する方法で流れの可視化 (flow visualization) を行い，流線を描き，流れのようすを直感的に理解する方法が用いられる．

3.4　流線と流管

　前節で述べたように，ある瞬間において，流れのなかに一つの線を考え，その線上の各点で引いた接線が流れの方向と一致する線を流線という．図 3.2 に示す流線上の 1 点 A における流線の傾き（接線の傾き）は，dy/dx と表現される．一方，A 点における流体粒子の速度ベクトル V の傾きは v/u となる．ここで，A 点における流線の線素 ds と速度 V の x, y 方向成分を，それぞれ dx, dy，および u, v としている．流線の定義により，この二つの傾きは一致するので，

$$\frac{dy}{dx} = \frac{v}{u} \qquad \therefore \quad \frac{dx}{u} = \frac{dy}{v} \tag{3.1}$$

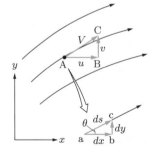

図 3.2 ■流線上の速度と線素の関係

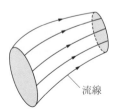

図 3.3 ■流線と流管

となる．この式 (3.1) を，流線の式という．

図 3.3 に示すように，流れのなかに一つの閉曲線を考え，その曲線上の各点から流線を引くと，流線の壁に囲まれた一つの管ができる．この管を流管 (stream tube) という．当然，流管壁は流線から構成されているので，流体は流管の壁を横切ることはない．流管は，各種の流れを調べる際によく用いられる．

3.5 流れの分類

■3.5.1 定常流れと非定常流れ

一般に，流れは時間的，場所的に変化するが，場所を固定して流れを調べた場合，流れの状態を表す速度，圧力などが時間的に一定である流れを定常流れといった．これに対して，時間的に変化する流れを非定常流れ (unsteady flow) という．たとえば，流れている流体の量（流量）を調節できる弁を備えた管内を流れる水や油の流れは，弁を絞っていくと，単位時間あたりの流量は減少していき，弁の上流と下流の一定位置における流れの速度は時間の経過とともに減少する．この流れが非定常流れである．

■3.5.2 三次元流れ，二次元流れ，および一次元流れ

1.1 節と 3.1 節でとりあげた飛翔体・翼・球などの物体まわりの流れや各種の管路・流路内の流れは，厳密に調べると，ほとんどの場合，図 3.4 (a) に示すように，三次元非定常流れとなる．

すなわち，流れ場の空間座標を (x, y, z)，時間を t とすると，流れの状態を表す x, y, z 方向の速度成分 u, v, w は，独立変数 x, y, z, t の関数として，

$$u = u(x, y, z, t), \qquad v = v(x, y, z, t), \qquad w = w(x, y, z, t) \tag{3.2}$$

と記述される．

しかし，図 3.4 (b) に示すように，翼幅 (span) が長い翼まわりの流れ（ただし，翼端近くは除く）や，断面積が緩やかに変化する，あるいは断面積が一定の管内の流れは，二次元流れとみなすことができる．すなわち，x 方向，y 方向の速度成分は，

$$u = u(x, y, t), \quad v = v(x, y, t) \tag{3.3}$$

と記述される．

さらに，図 3.4 (c) に示すように，管内流れにおいて平均流れを考えると，つまり横断面内での速度は y 方向（流れに直角方向）に一定であると考えると，管内流れは，

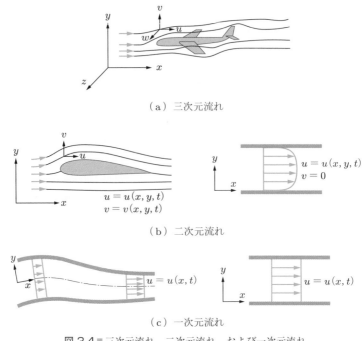

（a）三次元流れ

（b）二次元流れ

（c）一次元流れ

図3.4■三次元流れ，二次元流れ，および一次元流れ

一つの空間座標 x と時間 t で表される一次元流れ (one-dimensional flow) としてとり
扱うことができる．すなわち，x 方向の速度成分 u は，つぎのように記述できる．

$$u = u(x, t) \tag{3.4}$$

本書では，流体力学の基礎として，一次元流れと二次元流れを主にとり扱うが，こ
れは一次元および二次元流れで，流れ現象の基礎と流れ現象の基本的性質は十分理解
でき，多くの重要な問題を解くことができるためである．

3.6　一次元流れの連続の式

流れの問題をとり扱うときに，まず考えなければならないことは，質量保存の法則
(law of conservation of mass) である．質量保存の法則は，物質が運動する際に，物質
の質量の増減はなく，質量は変化せず，一定であることを表す法則である．球などの
物体の運動の問題では，通常，球の質量は一定として考えるので，質量保存の法則に
ついてはとくに考慮しない．しかし，非常に多くの流体粒子（微小な流体要素）より
構成されている流体の運動を扱う際には，流れる流体の境界をはっきりさせ，流れる

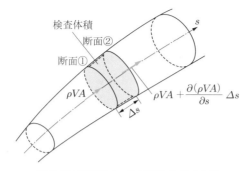

図 3.5 ■管路内の一次元流れと検査体積

流体の質量の保存について考慮しなければならない.

　図 3.5 に示すように，断面積が緩やかに変化する流管内を流体が流れている場合を考える.

　座標として，流管の中心線に沿って s 軸をとり，流れは一次元流れ，すなわち s 軸に直交する各断面内で流れの速度 V，圧力 p，密度 ρ は一定であるとする. このとき，流れの諸量は，座標 s と時間 t の関数で表され，

$$V = V(s,t), \qquad p = p(s,t), \qquad \rho = \rho(s,t) \tag{3.5}$$

と記述される. また，流管の断面積は $A = A(s)$ で表される.

　さて，図 3.5 に示すように，流管に固定された断面① と断面② の間の領域，すなわち検査体積 (control volume) をとりあげ，検査体積中を流れている流体の質量の変化について考える. 検査体積の境界については，たとえば，境界は細い線の金網で構成されており，流体は，境界をなんら抵抗なく，スムーズに流入・流出できるものとする.

　断面① より検査体積に流入する流体の質量は，単位時間あたり ρVA であり，断面① から距離が Δs だけ離れた断面② から流出する流体の質量は，

$$\rho VA + \frac{\partial(\rho VA)}{\partial s}\,\Delta s$$

と表される. よって，固定された検査体積内で，単位時間あたりに増加または減少する流体の質量は，つぎのようになる.

$$\underbrace{\rho VA}_{\text{流入する質量}} \;-\; \underbrace{\left[\rho VA + \frac{\partial(\rho VA)}{\partial s}\,\Delta s\right]}_{\text{流出する質量}} \;=\; \underbrace{-\frac{\partial(\rho VA)}{\partial s}\,\Delta s}_{\substack{\text{検査体積を流入・流出}\\\text{する質量の増減}}} \tag{3.6}$$

　この固定された検査体積の境界をとおして流体が流入・流出する結果生じる，単位時間あたりの検査体積内における流体の質量の増減は，検査体積内で流体の吹出しや吸込みがない場合，流れている流体の質量保存の法則により，密度 ρ が変化することによりもたらされる．つまり，断面①と断面②の間の検査体積間に含まれる流体の質量は $\rho A \, \Delta s$ であるので，単位時間あたりの流体の密度 ρ が変化することにより，

$$\frac{\partial}{\partial t}(\rho A \, \Delta s) \tag{3.7}$$

の割合で流体の質量は増減する．よって，式 (3.6) と式 (3.7) を等しくおくと，

$$-\frac{\partial(\rho VA)}{\partial s} \Delta s = \frac{\partial}{\partial t}(\rho A \, \Delta s) \tag{3.8}$$

となり，式 (3.8) では，Δs は時間に関係しないので，全体を Δs で割れば，

$$\frac{\partial}{\partial t}(\rho A) + \frac{\partial}{\partial s}(\rho VA) = 0 \tag{3.9}$$

が得られる．式 (3.9) は，導出過程からわかるように，流体が途切れることなく連続的に流れていることを表現しており，連続の式 (equation of continuity) という．

　流れが定常流れである場合には，式 (3.9) の第 1 項はゼロ，すなわち $\partial(\rho A)/\partial t = 0$ となり，流れの諸量は座標 s のみの関数となり，その変化は常微分で表される．よって，式 (3.9) は，

$$\frac{d}{ds}(\rho VA) = 0 \tag{3.10}$$

となる．この式は，一次元定常流れに対する連続の式の微分形である．この式を流線 s に沿って積分すると，連続の式の積分形である次式が得られる．

$$\rho VA = \text{const.} \quad （一定） \tag{3.11}$$

　ここで，$M = \rho VA$ とおくと，M はある断面をもつ流管内を単位時間あたりに流れる流体の質量を意味することになる．これを質量流量 (mass flow rate) という．式 (3.11) は，質量流量は一定であることを示している．なお，M の単位は，$[\text{kg/m}^3 \cdot \text{m/s} \cdot \text{m}^2] = [\text{kg/s}]$ である．

　水・油などの液体の流れや，速度の遅い（流れのマッハ数約 0.3 以下の）気体の流れの場合には，流体は密度 $\rho = \text{const.}$ の非圧縮性流れと考えてよい．この場合，式 (3.11) は，

$$VA = \text{const.} \tag{3.12}$$

となる．ここで，VA は体積流量 (volume flow rate. 単に流量という場合が多い) とい
い，Q で表す．単位は $[\mathrm{m}^3/\mathrm{s}]$ である．式 (3.12) より，水などの非圧縮性流れの場合に
は，流速 V と断面積 A は反比例の関係にある．すなわち，断面積が減少または増加す
ると，流速は増加または減少することがわかる．

質量流量 $M\,[\mathrm{kg/s}]$ と体積流量 $Q\,[\mathrm{m}^3/\mathrm{s}]$ の間には，つぎの関係がある．

$$M = \rho VA = \rho Q \tag{3.13}$$

例題 3.1 ⋯⋯⋯⋯⋯⋯⋯⋯⋯⋯⋯⋯⋯⋯⋯⋯⋯⋯⋯⋯⋯⋯⋯⋯⋯⋯⋯⋯⋯⋯⋯⋯⋯⋯⋯⋯⋯

円管（直径 $d = 10\,\mathrm{cm}$）内を $20℃$ の水（密度 $\rho_w = 998.2\,\mathrm{kg/m}^3$）が平均速度
$2.0\,\mathrm{m/s}$ で流れている．体積流量と質量流量を求めよ．

解答 ⋯⋯⋯

体積流量 Q と質量流量 M は，つぎのようになる．

$$Q = VA = V\pi r^2 = 2.0\,\mathrm{m/s} \times \pi \times (0.05\,\mathrm{m})^2 = 0.0157\,\mathrm{m}^3/\mathrm{s}$$
$$M = \rho_w Q = 998.2\,\mathrm{kg/m}^3 \times 0.0157\,\mathrm{m}^3/\mathrm{s} = 15.7\,\mathrm{kg/s}$$

⋯⋯⋯

3.7 一次元流れの運動方程式

前節までに，さまざまな流れ，すなわち流体粒子（微小な流体要素）の運動のようす
を記述する方法や，流れる流体の質量保存の法則を表す連続の式について述べてきた．

本節では，流れ（流体の運動）を引き起こす力は何か，流体の加速度はどのように
表現されるか，流体の運動はどのような式で表現されるかなどを，一次元非粘性流れ
を対象に考える．

■3.7.1 質点の力学

流体の流れ，すなわち流体粒子の集合体である流体の運動を考えるまえに，一般力
学における質点の力学，すなわち物体（質点）に作用する力と運動の関係について，簡
単に述べる．

野球やゴルフのボールなどの物体の運動 (motion) は，力の作用を受けた物体が，時
間の経過とともに，どのような速度でどれだけの距離を進むかを調べることによって
わかる．

さて，物体の速度 (velocity) は，大きさ（速さ）と向きをもっているのでベクトル量である．速度の単位時間あたりの変化を加速度 (acceleration) といい，加速度も大きさと向きをもっているので，ベクトル量である．物体の速度を $v\,[\mathrm{m/s}]$ とすると，加速度 $\alpha\,[\mathrm{m/s^2}]$ は速度の時間的変化割合，$\alpha = dv/dt$ で表される．ここで，t は時間である．

物体の運動や変形の原因になるものが力 (force) [N] であり，力もベクトル量である．物体の運動に関し，つぎの三つのニュートンの運動の法則が成立する．

（1）　運動の第 1 法則（慣性の法則）

外部から力がはたらかないか，あるいはいくつかの力がはたらいてもそれらが釣り合っていれば，静止している物体は静止を続け，運動している物体は等速直線運動を続ける．

（2）　運動の第 2 法則（運動の法則）

物体に力 F がはたらくと，力の向きに加速度 α を生じる．その加速度は，力の大きさに比例し，物体の質量 m に反比例する．すなわち，式で示すと，

$$\alpha = k\frac{F}{m} \qquad (k \text{ は比例定数}) \tag{3.14}$$

となる．ここで，質量 $1\,\mathrm{kg}$ の物体にはたらいて，$1\,\mathrm{m/s^2}$ の加速度を発生させる力の大きさを $1\,\mathrm{N}$（ニュートン）とすると，式 (3.14) は，

$$F = m\alpha \tag{3.15}$$

となる．この式 (3.15) を，ニュートンの運動の第 2 法則 (Newton's second law of motion) という．

（3）　運動の第 3 法則（作用・反作用の法則）

物体 A から物体 B に力 F_{AB} を作用させると，物体 B から物体 A に，同じ大きさで向きが反対の力 F_{BA} が作用する．すなわち，次式が成立する．

$$F_{\mathrm{BA}} = -F_{\mathrm{AB}} \tag{3.16}$$

■3.7.2 流体粒子の加速度

流体（液体や気体，ただし希薄気体は除く）の流れを調べる場合，第1章で述べたように，流体は流体粒子（微小な流体要素）の集合体であるとみなし，流体粒子の運動を調べる．まず，流体運動と密接に関係している流体粒子の速度と加速度について述べる．

図3.6に示すように，流線に沿う座標を s，それに垂直方向の座標を n とする．

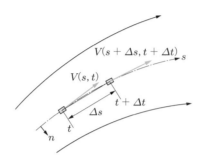

図 3.6 ▪流線に沿って移動する流体粒子の速度の変化

時刻 t に流線上の位置 s にある流体粒子の速度を V とすると，V は位置 s と時間 t の関数となるので，

$$V = V(s,t) \tag{3.17}$$

と記述される．この流体粒子が微小時間 Δt 後に距離 Δs だけ移動したとすると，この時刻と位置における流体粒子の速度，すなわち $V(s + \Delta s, t + \Delta t)$ は，

$$V(s + \Delta s, t + \Delta t) = V(s,t) + \frac{\partial V(s,t)}{\partial t} \Delta t + \frac{\partial V(s,t)}{\partial s} \Delta s \tag{3.18}$$

と記述できる．ここで，$\Delta s = V \Delta t$ の関係を考慮すると，つぎのようになる．

$$V(s + \Delta s, t + \Delta t) = V(s,t) + \frac{\partial V(s,t)}{\partial t} \Delta t + \frac{\partial V(s,t)}{\partial s} V \Delta t \tag{3.19}$$

つぎに，流体粒子の速度の時間的変化，すなわち加速度を求める．式 (3.17) と式 (3.19) より，微小時間 Δt の間での速度 V の変化 ΔV は，

$$\Delta V = V(s + \Delta s, t + \Delta t) - V(s,t) = \frac{\partial V(s,t)}{\partial t} \Delta t + \frac{\partial V(s,t)}{\partial s} V \Delta t \tag{3.20}$$

となる．よって，流体粒子の流れ方向の加速度を $\boldsymbol{\alpha}_s$ とすると，

$$\boldsymbol{\alpha}_s = \lim_{\Delta t \to 0} \frac{\Delta V}{\Delta t} = \frac{\partial V}{\partial t} + V \frac{\partial V}{\partial s} \tag{3.21}$$

となる．この式で右辺第 1 項の $\partial V/\partial t$ は加速度の非定常項で，局所加速度 (local acceleration) という．第 2 項の $V\,\partial V/\partial s$ は，速度の異なる場所に流体粒子が移動する際に生じる加速度であり，対流加速度 (convective acceleration) という．ここで，対流とは場所の移動を意味する．この対流加速度は，たとえば，断面積が減少または拡大する管内の定常流れで，流れの速度が増加または減少する際に生じる．対流加速度は，質点（物体）の運動の際には現れない，流体の運動の際に生じる特有の加速度である．

式 (3.21) の右辺で現れる微分係数は，流体力学では簡単のため，

$$\frac{D}{Dt} = \frac{\partial}{\partial t} + V\frac{\partial}{\partial s} \tag{3.22}$$

と書かれ，これを用いると，式 (3.21) は，

$$\boldsymbol{\alpha}_s = \frac{DV}{Dt} = \frac{\partial V}{\partial t} + V\frac{\partial V}{\partial s} \tag{3.23}$$

となる．この微分は，導出過程から明らかなように，同じ流体粒子の流動経路に沿っての微分を意味し，実質微分 (substantial derivative)，粒子微分 (particle derivative)，または物質微分 (material derivative) という．

また，D/Dt は，流体粒子が運動するにあたって流体粒子の物理量（速度・密度など）の時間的な変化の割合を表しており，ラグランジュ微分 (Lagrange derivative) ともいう．

定常流れでは，時間に関する微分はゼロ，すなわち，$\partial/\partial t = 0$ となり，$V = V(s)$ と書かれる．よって，流れ方向（s 方向）の流体粒子の加速度 $\boldsymbol{\alpha}_s$ は，次式で表される．

$$\boldsymbol{\alpha}_s = V\frac{dV}{ds} = \frac{d}{ds}\left(\frac{1}{2}V^2\right) \tag{3.24}$$

また，流れに直角方向（n 方向）の加速度（向心加速度または求心加速度）$\boldsymbol{\alpha}_n$ は，流線の曲率半径を R とすると，2.4.3 項の式 (2.72) で述べたように，次式となる．

$$\boldsymbol{\alpha}_n = \frac{V^2}{R} \tag{3.25}$$

■3.7.3　一次元非粘性流れの運動方程式（オイラーの運動方程式）

本項では，流体の流れ，すなわち流体の運動を引き起こす流体に作用する力と，流体運動（加速度）の関係について述べる．

図 3.7 に示すように，断面積の小さな流管内に微小円柱状の流体要素を考える．この微小円柱状流体要素は，空間に固定された検査体積内に，ある瞬間に存在する流体であると考える．前節で述べたように，流体は検査体積内をスムーズに通過できる．

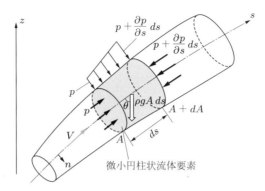

図 3.7 ▪ 微小円柱状流体要素に作用する圧力 p による力と重力

　空間座標として，流線に沿う座標 s とそれに垂直方向に座標 n をとる．着目している微小円柱状流体要素の長さを ds，上流側（流入側）断面積を A，下流側（流出側）断面積を $A + dA$，流体の密度を ρ とする．

　まず，流れを生じさせる力，すなわち流体要素に作用する力について考える．

（1）　流体要素の境界面に作用する力

　流れている流体は，摩擦なし流体 (frictionless fluid)，すなわち非粘性流体 (inviscid fluid) であるとすると，流体要素に作用する力は，流体要素の境界面に作用する圧力による力と，境界面内の流体要素の体積（質量）に作用する力である．

　ここで，圧力による力を求めてみる．考えている流体要素の上流側の圧力を p，下流側の圧力を $p + (\partial p/\partial s)\,ds$ とすると，流体要素の上流側および下流側の面に作用する圧力による力は，それぞれ，pA と，

$$-\left(p + \frac{\partial p}{\partial s}\,ds\right)(A + dA) \tag{3.26}$$

となる．また，微小円柱状流体要素の側面に作用する圧力による力の流線方向成分は，2.2.2 項でとり扱った斜めの平面壁に及ぼす圧力による力と同様な方法で求められ，

$$\left(p + \frac{1}{2}\frac{\partial p}{\partial s}\,ds\right)dA \tag{3.27}$$

となる．

　以上より，流体要素の境界面に作用する圧力による力の合計は，次式となる．

$$pA - \left(p + \frac{\partial p}{\partial s}\,ds\right)(A + dA) + \left(p + \frac{1}{2}\frac{\partial p}{\partial s}\,ds\right)dA = -\frac{\partial p}{\partial s}\,ds\,A - \frac{1}{2}\frac{\partial p}{\partial s}\,ds\,dA$$

$$\tag{3.28}$$

（2）　流体要素に作用する体積力

　流体要素の質量は $\rho A\,ds$ であるので，重力加速度を g とすると，流体要素に作用する重力は鉛直下方に $\rho g A\,ds$ となる．図 3.7 に示すように，流線の接線と鉛直線とのなす角度を θ とすると，重力の流れ方向成分はつぎのようになる．

$$-\rho g A\,ds\cos\theta \tag{3.29}$$

（3）　オイラーの運動方程式

　流体要素の流れ方向の加速度は，前項の式 (3.23) で示したように，

$$\alpha_s = \frac{DV}{Dt} = \frac{\partial V}{\partial t} + V\frac{\partial V}{\partial s}$$

である．よって，流体要素の運動方程式は，ニュートンの運動の第 2 法則を適用すると，

$$\underbrace{-\frac{\partial p}{\partial s}\,ds\,A - \frac{1}{2}\frac{\partial p}{\partial s}\,ds\,dA}_{\text{圧力による力}} \underbrace{- \rho g A\,ds\cos\theta}_{\text{体積力（重力）}} = \underbrace{\rho A\,ds \times \left(\frac{\partial V}{\partial t} + V\frac{\partial V}{\partial s}\right)}_{\text{質量×加速度}} \tag{3.30}$$

となる．ここで，二次の微小量 $ds\,dA$ の項（左辺の第 2 項）を省略すると，

$$-\frac{\partial p}{\partial s}\,ds\,A - \rho g A\,ds\cos\theta = \rho A\,ds \times \left(\frac{\partial V}{\partial t} + V\frac{\partial V}{\partial s}\right) \tag{3.31}$$

となり，式 (3.31) の全体を流体要素の質量 $\rho A\,ds$ で割ると，つまり，単位質量の流体で考えると，

$$\frac{\partial V}{\partial t} + V\frac{\partial V}{\partial s} = -\frac{1}{\rho}\frac{\partial p}{\partial s} - g\cos\theta \tag{3.32}$$

が得られる．鉛直上向きに z 座標をとり，長さ ds に対応する高さを dz とすると，幾何学的関係より，

$$\cos\theta = \frac{dz}{ds} \tag{3.33}$$

が得られる．この関係を式 (3.32) に代入すると，

$$\frac{\partial V}{\partial t} + V\frac{\partial V}{\partial s} = -\frac{1}{\rho}\frac{\partial p}{\partial s} - g\frac{dz}{ds} \tag{3.34}$$

となる．この式 (3.34) は，一次元非粘性流れに対する運動方程式で，オイラーの運動方程式 (Euler's equation of motion) という．

流れが定常流れである場合には，$\partial V/\partial t = 0$ となり，速度 V，圧力 p は位置 s のみの関数，すなわち $V = V(s)$，$p = p(s)$ となる．よって，式 (3.34) は，常微分の式，

$$V\frac{dV}{ds} = \frac{d}{ds}\left(\frac{1}{2}V^2\right) = -\frac{1}{\rho}\frac{dp}{ds} - g\frac{dz}{ds} \tag{3.35}$$

$$\frac{d}{ds}\left(\frac{1}{2}V^2\right) + \frac{1}{\rho}\frac{dp}{ds} + g\frac{dz}{ds} = 0 \tag{3.36}$$

となる．

ところで，図 3.7 で示した小さな流管の断面積 A をさらに小さくしていくと，流管は流線と一致し，流線となる．このことより，上述のオイラーの運動方程式 (3.34) と式 (3.36) は，小さな流管と流線に対して成立すること，また，これらの式は，流線上で流線の曲率に関係なく成立することを注記しておく．

■3.7.4 一次元流れの運動方程式（摩擦力を考慮した場合）

前項では，流体の摩擦を無視した流体の運動方程式を導出した．しかし，流体の摩擦の影響を考慮しなければならない場合もある．本項では，一次元粘性流れの運動方程式を導出しよう．

図 3.8 に示すように，流管内の微小円柱状流体要素を考える．この微小円柱状流体要素は，空間に固定された検査体積内に，ある瞬間に存在する流体であると考える．

流管の中心の流線に沿って座標 s をとる．そして，微小円柱状流体要素の長さを ds，上流側（流入側）断面積を A，下流側（流出側）断面積を $A + dA$，流体の密度を ρ とする．

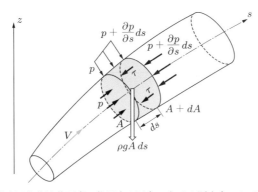

図 3.8 ▪ 微小円柱状流体要素に作用する圧力 p とせん断応力 τ による力と重力

着目している微小円柱状流体要素（検査体積）に作用する力は，前項で求めた圧力による力と重力に加えて，図 3.8 に示すように，長さ ds と周囲の長さ L をもつ検査面に作用する粘性せん断応力 τ による摩擦力 $\tau L\,ds$ である．この力は流れの向きと反対方向に作用するので，非粘性流れの運動方程式 (3.31) に粘性摩擦力項 $\tau L\,ds$ を加えると，

$$-\frac{\partial p}{\partial s}\,ds A - \rho g A\,ds\cos\theta - \tau L\,ds = \rho A\,ds \times \left(\frac{\partial V}{\partial t} + V\frac{\partial V}{\partial s}\right) \tag{3.37}$$

となり，よって，

$$\frac{\partial V}{\partial t} + V\frac{\partial V}{\partial s} = -\frac{1}{\rho}\frac{\partial p}{\partial s} - g\cos\theta - \frac{L}{A}\frac{\tau}{\rho} \tag{3.38}$$

となる．この式 (3.38) は，一次元粘性流れの運動方程式である．

3.8　流体の回転と渦

前節までは，連続体である流体を微小な流体粒子の集まりと考え，その流体粒子が並進運動する際の力学的考察を行ってきた．しかし，物体の運動は，並進運動だけでなく，回転運動も考慮する必要がある．たとえば，地球は自転（回転運動）しながら太陽のまわりを公転（旋回する並進運動）しているが，それと同様に，流体粒子も回転運動（自転）しながら旋回運動（公転）する．ただし地球は剛体なので，変形することなく自転するが，流体粒子は変形しながら回転運動することができる．

　一般に，ある 1 点のまわりの流体粒子が，その点を中心に旋回運動（公転）している流動状態を渦運動，あるいは単に渦 (vortex) という．渦に関連する物理量として，流体粒子個々の回転（自転）の強さを表す指標となる渦度が定義されており，さらにある領域内の流体については，その領域全体が回転する強さを表す指標となる循環が定義されている．ここでは，この渦度と循環について述べるとともに，代表的な渦の構造（渦モデル）について述べる．

■3.8.1　渦度と循環

xy 面内の二次元流れ場 (u, v) において，渦度 (vorticity) ζ（ジータ）はつぎのように定義される．ただし，ζ の符号は左まわり（反時計方向）を正とする．

$$\zeta = \frac{\partial v}{\partial x} - \frac{\partial u}{\partial y} \tag{3.39}$$

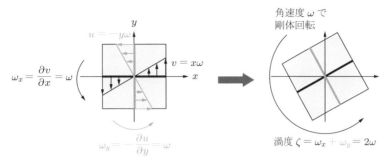

（a）流体粒子が角速度 ω で剛体回転する場合

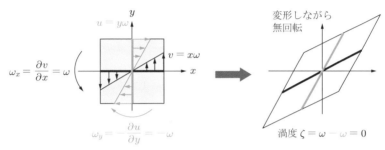

（b）流体粒子が無回転で変形する場合

図 3.9 ■ 微小な流体粒子の回転と変形

　図 3.9（a）は，微小な流体粒子が角速度 ω で剛体回転するようすを示したものである．このとき角速度 ω で左回転する x 軸上にある流体（黒太線）の y 方向速度成分は $v = x\omega$ で表されるので，$\partial v/\partial x = \omega$ となり，式 (3.39) の右辺第 1 項は x 軸上の回転角速度 ω_x を意味している．同様に y 軸上にある流体（青太線）の x 方向速度成分は $u = -y\omega$ で表されるので，$-\partial u/\partial y = \omega$ となり，式 (3.39) の右辺第 2 項は y 軸上の回転角速度 ω_y を意味している．したがって，式 (3.39) は $\zeta = \omega_x + \omega_y$ と書くことができる．すなわち渦度 ζ は，x 軸上と y 軸上の流体の回転角速度の平均値の 2 倍に相当することがわかる．そこで渦度 ζ は，流体粒子の局所的な回転（自転）の強さを表す指標として広く用いられている．剛体回転では $\omega_x = \omega_y = \omega$ となるため，$\zeta = 2\omega$ となる．すなわち，剛体回転する流体粒子の渦度は，回転角速度の 2 倍となる．

　流体粒子が剛体回転するときは，必ず $\omega_x = \omega_y$ となる．しかし，流体粒子は剛体ではないので，$\omega_x \neq \omega_y$ となることもある．このとき流体粒子は変形しながら回転することになるが，その回転の強さは，剛体回転時と同様に，回転角速度の平均値に相当する渦度 ζ で表すのが合理的である．

$\omega_x \neq \omega_y$ の例として，図 3.9（b）に，x 軸上の流体と y 軸上の流体がお互い逆方向に回転（$\omega_x = -\omega_y$）し，$\zeta = 0$ となる場合を示す．このとき流体粒子は変形するが回転はしていない．流れ場のすべての領域で $\zeta = 0$ となる流れを，渦なし流れ (irrotational flow) といい，その流れ場は数学的に非粘性流体の流れ場と等しい．一般的な実在流体（粘性流体）の流れでは，流体粒子は回転と変形をともないながら並進運動している．

渦度は流体粒子の回転（自転）の強さを表すだけであり，この流体粒子がある 1 点を中心に旋回運動（公転）しているかどうかは別の問題である．したがって，渦度が大きくても，いわゆる渦運動をしていない流れも多いので注意する必要がある．たとえば，図 3.10 に示すように，速度差のある流れが平行に合流する場合は，渦層 (vortex sheet) といわれる大きな渦度をもつ層状の領域が形成される．このような渦層は，ある点を中心に旋回運動をしていないので渦とはいわない．しかし渦層が巻き上がると，渦度をもつ流体粒子が巻き上がりの中心に集まり（これを渦度の集中という），その周辺の流体も含めて旋回運動するようになる．そのため，渦層が巻き上がると，その周辺の流れは，一般に渦といわれる流動状態になる．

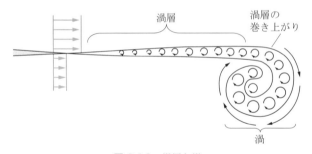

図 3.10■渦層と渦

図 3.11 に示すように，流れ場に任意の閉曲線 s をとり，この曲線上の速度 V の s に対する接線方向成分 $V_s\ (= V\cos\theta)$ を，曲線 s に沿って線積分したものを循環 (circulation) Γ という．ただし，ds は曲線 s の微小線分（線要素）の長さであり，ds と V のなす角を θ とする．また積分の方向は左まわりを正とする．この循環 Γ は，閉曲線 s 内部の領域 A の渦度 ζ を面積積分したものに等しい．これはストークスの定理とよばれ，後述する式 (3.41) と (3.42) で確認する．したがって，dA を閉曲線 s 内の微小面積（面要素）の大きさとすると，循環 Γ は，つぎのように表すことができる．

$$\Gamma = \oint_s V_s\,ds = \int_A \zeta\,dA \tag{3.40}$$

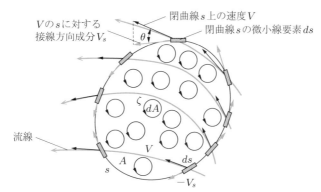

図 3.11■閉曲線 s 上の接線速度 V_s と線要素 ds および
s 内部の領域 A の渦度 ζ と面要素 dA

　循環の物理的意味を言葉で正しく表現することは難しいが，循環 Γ は，着目している領域内の流体が，その領域内で全体的に回転する強さを表す指標であり，これはその の領域内に存在するすべての流体粒子の回転の強さの総量を意味している．渦層のように渦度があっても渦といわない流れは存在するが，そのような流れでも渦度があれば，それを取り囲む閉曲線内に循環は存在する．また渦といわれる流れ状態にあるときは，渦なし流れであっても，一つの渦の外縁を閉曲線でとり囲むと，その内部に循環 Γ が存在する．この循環 Γ の大きさは，その渦の回転の強さを表す代表値とみなすことができ，その符号は渦の回転方向（左回転が正）を表している．

■3.8.2　渦の構造（速度分布と渦度分布）

　流れのなかに比較的小さな自転している芯の部分（渦度の大きな領域）が存在し，そのまわりを渦度の小さな流体粒子あるいは渦度のない流体粒子が旋回運動（公転）しているとき，芯およびその周囲の運動状態を一般に渦という．そして，渦の中心近傍において渦度が大きい芯の部分を渦核 (vortex core) という．台風では，いわゆる“台風の目”とよばれる領域が渦核に相当する．また渦運動は，図 3.12 に示すように，渦中心（旋回中心）のまわりを質量のある流体粒子が円運動している状態にある．したがって，この円運動が維持されているときは，流体粒子に向心力がはたらいていることを意味する．この向心力は，渦中心に向かう負の圧力勾配（中心に近づくほど低圧になる状態）が担っている．すなわち，流体が渦運動しているとき，渦の中心の圧力は，その周囲の圧力よりも必ず低くなる．したがって，渦中心の位置は圧力が極小となる位置と一致する．中心気圧の低い低気圧は渦を巻くことはあるが，高気圧は向心

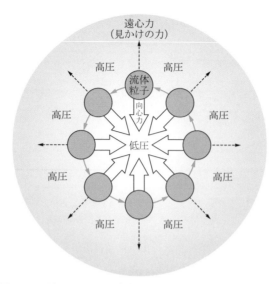

図 3.12 ■ 旋回運動する流体粒子にはたらく向心力と圧力分布

力が得られないので決して渦になることはない．以下に代表的な渦の例を示す．

（1）　強制渦

　図 3.13（a）に示すように，周速度が渦中心からの距離に比例する渦を，強制渦 (forced vortex) という．この渦の速度分布は，丸く切りとった半径 $r = a$ の円板（剛体）を渦核とみなし，これを角速度 ω で回転させたときに得られる速度分布と同様になる．そのため，強制渦は剛体渦 (solid vortex) ともいう．強制渦では，図 3.9（a）と同様に，内部の流体粒子は変形することなく旋回（公転）角速度 ω と同じ角速度で回転（自転）している．したがって，半径 $r = a$ の渦核内部の渦度 ζ は一定 ($\zeta = 2\omega$) となり，その外部は，周速度も渦度もゼロとなる．強制渦の周速度 V_θ および渦度 ζ は，つぎのように表される．

$$\left.\begin{array}{ll} 0 \leqq r \leqq a \text{ のとき,} & V_\theta = r\omega, \quad \zeta = 2\omega \\ r > a \text{ のとき,} & V_\theta = 0, \quad \zeta = 0 \end{array}\right\} \text{強制渦（剛体渦）}$$

　また，この渦の循環 Γ を渦核外縁 $(r = a)$ における周速度 V_θ の線積分によって求めると，

$$\Gamma = V_\theta\, 2\pi r = a\omega\, 2\pi a = 2\pi a^2 \omega \tag{3.41}$$

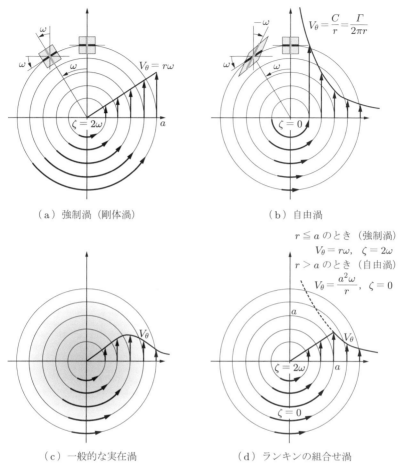

（a）強制渦（剛体渦）

（b）自由渦

（c）一般的な実在渦

（d）ランキンの組合せ渦

図 3.13 ■ いろいろな渦の速度分布と渦度分布（青の濃淡で渦度の大きさを表現）

となる．一方 Γ を，渦核内部 $(r \leqq a)$ における渦度 ζ の面積積分によって求めると，

$$\Gamma = \zeta \, \pi r^2 = 2\omega \, \pi a^2 = 2\pi a^2 \omega \tag{3.42}$$

となり，両者は一致することが確認できる．

（2）自由渦

図 3.13（b）に示すように，周速度が渦中心からの距離 r に反比例する渦を，自由渦 (free vortex) という．自由渦の周速度 V_θ および渦度 ζ は，r を半径，C を定数として つぎのように表される．

$$\left. \begin{array}{ll} r \neq 0 \text{ のとき}, & V_\theta = \dfrac{C}{r}, \quad \zeta = 0 \\[2mm] r = 0 \text{ のとき}, & V_\theta = \infty, \quad \zeta = \infty \end{array} \right\} \text{自由渦}$$

　自由渦は，特異点となる $r=0$ の渦中心で，周速度も渦度も無限大になるが，周速度は渦中心から離れるに従って減少し，十分遠方でゼロに漸近する．したがって，自由渦の周速度は，旋回の内側のほうが速く，外側のほうが遅いので，流体粒子は図3.9（b）と同様に変形する．その結果，自由渦は，特異点となる $r=0$ の渦中心を除き，渦度はゼロとなる．自由渦のみが存在する流れ場は，渦なし流れとみなすことができる．そこで自由渦は，非粘性流体における渦といえる．

　自由渦は，渦なし流れの渦であるが，循環は存在する．半径 r における周速度の線積分から循環を求めると，

$$\Gamma = V_\theta \, 2\pi r = \frac{C}{r} \, 2\pi r = 2\pi C \tag{3.43}$$

となり，半径 r にかかわらず一定値となる．ここで，$C = \Gamma/2\pi$ より，周速度 V_θ を Γ を用いて書き換えると，$V_\theta = \Gamma/2\pi r$ となる．

　自由渦は，特異点となる渦中心の1点に渦度を集中させた点状の渦とみなすことができる．このような渦を渦点 (point vortex) といい，渦点の強さは循環 Γ で与えられる．循環 Γ の渦点が流れ場に存在すると，その渦点のまわりには，$V_\theta = \Gamma/2\pi r$ で表される速度場が形成される．このように，渦点の循環によって形成される速度を誘起速度 (induced velocity) という．図3.14に示すように，二次元平面内で表される渦点を，三次元空間に拡張すると，渦糸 (vortex filament) といわれる細長い糸状の渦となる．このように渦点は，渦糸の二次元断面に相当する．また，実在する渦は，複数の渦糸を束ねたものとして考えることができる．

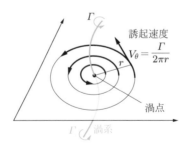

図 3.14 ■ 三次元空間の渦糸と二次元平面内の渦点

（3）ランキンの組合せ渦

　図3.13（c）に，一般的な実在渦の一例を示す．実在渦の周速度は，渦中心でゼロとなり，中心から離れるに従って大きくなるが，渦核を超えると減少し始め，渦核の外側では中心から離れるほどゼロに漸近していく．また渦度は，渦中心で最大となり，中心から離れるほど減少し，ゼロに漸近していく．したがって，強制渦は，渦中心近傍の流れが実在渦に近いといえるが，渦核外の流れは，実在渦と大きく異なる．一方，自由渦は，渦中心近傍の流れが実在渦と大きく異なるが，渦中心から離れた領域の流れは実在渦に近いといえる．

　そこで，渦核内の流れを強制渦とし，渦核外の流れを自由渦となるように二つの渦を組み合わせると，実在渦に近い渦構造が得られる．これをランキンの組合せ渦 (Rankine's combined vortex) あるいは単にランキン渦とよぶ．図3.13（d）にランキンの組合せ渦の速度分布と渦度分布を示す．ランキン渦の周速度 V_θ および渦度 ζ は以下のように表される．

$$\left.\begin{array}{ll} 0 \leqq r \leqq a \text{ のとき,} & V_\theta = r\omega, \qquad \zeta = 2\omega \\ r > a \text{ のとき,} & V_\theta = \dfrac{\Gamma}{2\pi r} = \dfrac{a^2\omega}{r}, \quad \zeta = 0 \end{array}\right\} \text{ランキンの組合せ渦}$$

　ランキン渦において，渦度の存在する領域は，$r \leqq a$ の渦核内に限定され，その外部は渦なし流れとなる．ランキン渦は，実在する渦を最も簡便に表した渦モデルといえる．ただし，強制渦と自由渦の接点である $r = a$ において，速度曲線は折れ曲がっているため，微分不可能となる．したがって，ランキン渦は数学的には不完全なモデルといえる．

演習問題

3.1　流体の密度が一定である二次元定常流れにおいて，速度成分が，

$$u = Ax, \qquad v = -Ay$$

で与えられるとき，流線を求めよ．ただし，A は定数とする．

3.2　ガソリンスタンドで車に給油した際，ガソリンが 1 分間に 40 L 給油された．給油ノズルの出口直径を $d = 32\,\mathrm{mm}$ としたとき，ノズル出口における平均流速を求めよ．

3.3　角速度 ω で回転する剛体渦の内部 $(r \leqq a)$ の渦度 ζ は，$\zeta = 2\omega$ の一定であることを確認せよ．また，自由渦は，渦中心を除くすべての領域で $\zeta = 0$ となることを確認せよ．

3.4　以下の速度分布をもつ 2 次元流れがある．

$$u = -\frac{ay}{2}, \qquad v = \frac{ax}{2} \quad (a > 0)$$

（1）　流線の式と，その概略図を示せ．流線図には流れ方向も明示せよ．

（2）　渦度 ζ を求め，「渦なし流れ」か「渦あり流れ」か判断せよ．

（3）　原点から半径 $r = 2$ 以内の循環を，式 (3.40) で示したように，以下の 2 通りの方法で求めよ．

$$\Gamma_1 = \oint_s V_s \, ds, \qquad \Gamma_2 = \int_A \zeta \, dA$$

第4章 ベルヌーイの定理と応用

　本章では，流体の流れにおいて最も重要な基礎概念であるベルヌーイの定理について述べる．最初に，前章で述べた非粘性流体に作用する力と流体の運動に関する式，すなわち非粘性流体の運動方程式から出発して，流線に沿って積分し，流体運動に関するエネルギー式であるベルヌーイの式（定理）を導く．つぎに，エネルギー，圧力，ヘッドで表現したベルヌーイの式の物理的意味について詳しく述べる．

　続いて，ベルヌーイの式の応用例，具体的には，断面積が減少または拡大する管内の流れ，ピトー管による流速測定，ベンチュリ管による流量測定，タンクからの液体の流出現象などについて述べる．

4.1 運動エネルギーと位置エネルギー

　流体の運動に関するエネルギーについて考えるまえに，質点の力学および剛体の力学における物体の運動に関するエネルギーについて，簡単に述べよう．

　まず，仕事の定義について説明する．一定の大きさの力 F [N] を加えて，物体を力の向きに距離 x [m] だけ動かすときの

$$W = Fx \qquad [\text{J}] \tag{4.1}$$

を仕事 (work) という．たとえば，質量 M [kg] の物体を重力に逆らって鉛直上向きに距離 h [m] だけ移動させたときの仕事は，$W = Mgh$ [J] である．ここで，g [m/s^2] は重力加速度である．仕事の単位は，ジュールで，J = N·m である．

　物体が仕事をする能力をもつとき，物体はエネルギー (energy) をもつという．たとえば，速さ v [m/s] で運動している質量 M [kg] の物体は，静止するまでに $(1/2)Mv^2$ [J] の仕事をする能力，すなわちエネルギーをもっている．このエネルギー $(1/2)Mv^2$ を運動エネルギー (kinetic energy) という．

　重力が作用している場において，ある水平面を基準にすると，その基準面より h [m] 高いところにある質量 M [kg] の物体は，Mgh [J] の仕事をする能力をもっている．この Mgh を重力による位置エネルギー (potential energy) という.

　以上で述べた，物体がもっている運動エネルギーと位置エネルギーを合計したものを力学的エネルギー (mechanical energy) という.

　重力場では，物体をある点からほかの点まで動かすとき，重力がなす仕事は，経路に関係なく，2点の位置だけで決まる．この重力のような性質をもつ力を保存力という．保存力による物体の運動では，力学的エネルギーは一定に保たれる．これを，力学的エネルギー保存の法則 (conservation law of mechanical energy) という．たとえば，物体が重力のみを受けて，初速度ゼロで落下する運動を自由落下といい，自由落下の運動では，位置エネルギーと運動エネルギーの和である力学的エネルギーは一定であり，保存される.

4.2　ベルヌーイの式の導出

　3.7 節で，流線に沿う非粘性，定常流れ，すなわち粘性が無視できる微小流体要素の運動に対し，運動に及ぼす力として圧力による力と重力を考慮し，一次元，非粘性，定常流れに対する運動方程式，いわゆる一次元のオイラーの運動方程式 (3.36),

$$\underbrace{\frac{d}{ds}\left(\frac{1}{2}V^2\right)}_{\text{慣性力}} = \underbrace{-\frac{1}{\rho}\frac{dp}{ds}}_{\text{圧力による力}} \underbrace{- g\frac{dz}{ds}}_{\text{重力}} \tag{4.2}$$

を導出した．ここで，s は流線に沿う座標，z は鉛直上向きの座標，g は重力加速度である．V, p, ρ は，流体要素の速度，圧力，密度であり，定常流れであるので，空間座標 s のみの関数となり，$V(s)$, $p(s)$, $\rho(s)$ と記述される．式 (4.2) は，3.7 節で述べたように，単位質量の流体要素に対する運動方程式である．式 (4.2) で，右辺の項を左辺に移すと，

$$\frac{d}{ds}\left(\frac{1}{2}V^2\right) + \frac{1}{\rho}\frac{dp}{ds} + g\frac{dz}{ds} = 0 \tag{4.3}$$

となる．式 (4.3) の各項（力）に微小長さ（変位）ds を掛けた値を，順次加え合わせると，つまり式 (4.3) を流線 s に沿って積分すると，

$$\int \frac{d}{ds}\left(\frac{1}{2}V^2\right) ds + \int \frac{1}{\rho}\frac{dp}{ds} ds + \int g\frac{dz}{ds} ds = \text{const.}　（一定） \tag{4.4}$$

となり，よって，次式となる．

$$\frac{1}{2}V^2 + \int \frac{dp}{\rho} + gz = \text{const.} \tag{4.5}$$

この式は，導出過程から明らかなように，一つの流線上で成り立つ，非粘性，定常，圧縮性流れに対するエネルギー式であり，ベルヌーイ[†]の式 (Bernoulli's equation) という．また，ベルヌーイの式で表される関係や内容，すなわち一つの流線上で，後述する速度エネルギー・圧力エネルギー・位置エネルギーの総和は一定となることをベルヌーイの定理 (Bernoulli's theorem) という．

流体密度 ρ が変化しない，すなわち $\rho = \text{const.}$ である非圧縮性流れに対するベルヌーイの式は，

$$\frac{1}{2}V^2 + \frac{p}{\rho} + gz = \text{const.} \qquad [\text{J/kg}] \tag{4.6}$$

となる．この式は，水や油などの液体の流れや，流れのマッハ数（= 流速/音速）が 0.3 以下で非圧縮性の気体の流れとみなせる場合に適用される．

4.3 ベルヌーイの式の物理的意味

本節では，前節で導出したベルヌーイの式 (4.6) の物理的意味について考える．式 (4.6) の第 1 項と第 3 項は，4.1 節の質点の力学で述べた物体（剛体）の運動の場合にみられる運動エネルギーと位置エネルギーと同様で，運動している単位質量の流体要素（流体粒子）のもっている，運動エネルギーと位置エネルギーである．

式 (4.6) の第 2 項の p/ρ は，物体の運動をとり扱う際には現れないが，流体の運動をとり扱う際に現れる重要な項である．これは，式 (4.2) からわかるように，流体要素の流動の原因の一つである圧力による力にもとづく仕事を意味し，圧力エネルギー (pressure energy) という．式 (4.6) の左辺の各項の単位を調べると，当然のことであるが，すべて同じで [J/kg] となる．式 (4.6) を再び書くと，つぎのように表せることがわかる．

$$\underbrace{\frac{1}{2}V^2}_{\text{運動エネルギー}} + \underbrace{\frac{p}{\rho}}_{\text{圧力エネルギー}} + \underbrace{gz}_{\text{位置エネルギー}} = \text{const.} \qquad [\text{J/kg}] \tag{4.6'}$$

---

† Daniel Bernoulli, 1700–1782 年，オランダ生まれの数学者・物理学者．1738 年に流体力学を意味する「Hydrodynamica」を出版．

　さて，圧力エネルギー p/ρ の概念は，流体力学においてきわめて重要であるので，p/ρ の物理的意味について，さらに考えてみよう．

　図 4.1 に示すように，断面積 A の流管内を，速度 V，圧力 p，密度 ρ をもつ流体が右向きに流れている場合を考える．図中の s は流れ方向の座標，t は時間である．

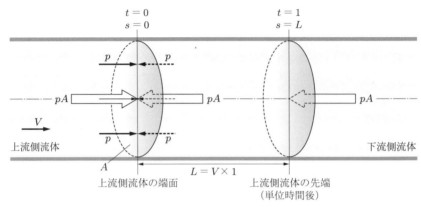

図 4.1 ■ p/ρ の物理的意味の説明図

　いま，便宜的に，図に示すように，$s = 0$ の位置の断面で流れている流体を，上流側流体と下流側流体とに分け，上流側流体が下流側流体に行う仕事を考える．流体は速度 V で流動しているので，上流側流体の先端の面は，単位時間に，

$$距離（変位）L = 流速 \times 単位時間 = V \times 1 \tag{4.7}$$

に移動する．この間，上流側流体は，下流側流体から移動する向きとは反対向きの圧力による力 pA を受けている．つまり，上流側流体は，単位時間内に，下流側流体に，次式で示す仕事（押しのける仕事），

$$上流側流体が行う仕事 = 距離（変位） \times 力$$
$$= (V \times 1) \times pA = VpA \tag{4.8}$$

をすることとなる．単位時間内に，下流側流体を距離 L 移動させる上流側流体の質量は，

$$流体の質量 = 流体の体積 \times 密度 = LA \times \rho = VA\rho \tag{4.9}$$

となる．よって，単位質量の上流側流体が，単位時間に下流側流体に行う仕事（押しのける仕事）は，次式となる．

$$\frac{流体が行う仕事（押しのける仕事）}{流体の質量} = \frac{VpA}{VA\rho} = \frac{p}{\rho} \quad [\text{J/kg}] \tag{4.10}$$

　上述の考えより，p/ρ は，流体の圧力に逆らって，または流体の圧力によって，流体を流動させる（押しのける）単位質量あたりの仕事であることがわかる．仕事とエネルギーは同等であるので，p/ρ で表される圧力のする仕事を，圧力エネルギーという．

　つぎに，ベルヌーイの式 (4.6′) の右辺の const.（一定）の意味について考える．この式のもとになっているオイラーの運動方程式 (4.2) およびエネルギー式 (4.6) の導出過程から明らかなように，式 (4.6′) の const. は，一つの流線上で一定であることを意味する．また，流線が異なれば，const. の値は変わりうることを意味している．

　以上より，式 (4.6′) で表されるベルヌーイの式の物理的意味は，つぎのようにまとめられる．流れ，すなわち運動している単位質量の流体要素（流体粒子）のもっている運動エネルギー，圧力エネルギー，および位置エネルギーは，流れに沿って変化するが，それらの総和は一つの流線上で変わらず一定である．

　ところで，上述の流体運動に関連する，運動エネルギー，圧力エネルギー，および位置エネルギーは，化学エネルギー，電磁気エネルギー，光エネルギー，核エネルギー，熱エネルギーなどと区別して，すでに説明したように，力学的エネルギーという．ベルヌーイの式 (4.6′) は，一つの流線上で，流体のもっている力学的エネルギーは保存されることを表しているので，力学的エネルギー保存の法則を表している．

4.4　ベルヌーイの式のいろいろな形

■4.4.1　単位体積あたりのエネルギーまたは圧力で表す場合

　式 (4.6) に密度 $\rho\,[\mathrm{kg/m^3}]$ を掛けると，つぎの形のベルヌーイの式，

$$\frac{1}{2}\rho V^2 + p + \rho gz = \mathrm{const.} \qquad [\mathrm{J/m^3}\ \text{または}\ \mathrm{N/m^2}] \tag{4.11}$$

が得られる．上式の各項の単位を検討してみると，

- 第 1 項 $\frac{1}{2}\rho V^2$ $[\mathrm{kg/m^3 \times m^2/s^2 = kg\,(m/s^2) \times 1/m^2 = N/m^2 = J/m^3}]$
- 第 2 項 p $[\mathrm{N/m^2 = J/m^3}]$
- 第 3 項 ρgz $[\mathrm{kg/m^3 \times m/s^2 \times m = N/m^2 = J/m^3}]$

となる．これより，式 (4.11) の各項は，単位体積あたりの流体がもつ運動エネルギー，圧力エネルギー，および位置エネルギーを表し，これら三つのエネルギーの和，すなわち単位体積あたりの流体がもつ全エネルギーは，一つの流線上で一定となることを表している．なお，式 (4.11) の第 2 項より，流体は圧力の形でエネルギーを保有できることがわかる．

式 (4.11) を圧力 $[\text{N/m}^2 = \text{Pa}]$ の観点から調べると，つぎのようになる．式 (4.11) の第1項の $(1/2)\rho V^2$ は，単位体積の流体の質量，すなわち密度 ρ，流速 V をもつ流体を速度ゼロにもっていったときに得られる圧力で，動圧 (dynamic pressure) という．第2項の p は，隣り合った流線（流体）が互いに押す圧力で，動圧と区別し，静圧 (static pressure) という．第3項の $\rho g z$ は，重力場での高さにもとづく圧力である．

式 (4.11) は，高さ z が一定の場合，あるいは気体の流れのように高さにもとづく圧力が，気体の密度 ρ が小さいため，動圧と静圧に比べて無視できる場合には，

$$\frac{1}{2}\rho V^2 + p = \text{const.} \tag{4.12}$$

となる．この式 (4.12) を適用して，流れ状態を考える場合，速度 V がゼロになる位置をよどみ点 (stagnation point) といい，よどみ点における圧力を p_0 とすると，式 (4.12) は，

$$\underbrace{\frac{1}{2}\rho V^2}_{\text{動圧}} + \underbrace{p}_{\text{静圧}} = \underbrace{p_0}_{\text{全圧}} \tag{4.13}$$

となる．この p_0 を全圧 (total pressure) またはよどみ点圧 (stagnation pressure) という．

よどみ点をともなう流れの例として，非粘性，非圧縮性，定常，一様流中に置かれた丸い先端形状をもつ物体，いわゆる鈍頭物体 (blunt body) または鈍い物体 (bluff body) まわりの流れを考える．図 4.2 に示すように，一様流の向きと，対称鈍頭物体の軸の向きを一致させると，鈍頭物体の先端には速度がゼロになる点，いわゆるよどみ点が現れる．鈍頭物体の影響を受けない上流の位置を①，よどみ点の位置を②とし，よどみ点を通る流線上でベルヌーイの式を適用すると，

$$\frac{1}{2}\rho V_1^2 + p_1 = 0 + p_2 = p_2 = p_0 \tag{4.14}$$

となる．式 (4.14) より，よどみ点で測定される圧力 p_2 は，流れの全圧 p_0 と等しく，上流における静圧 p_1 より動圧分 $(1/2)\rho V_1^2$ だけ増加していることがわかる．なお，よどみ

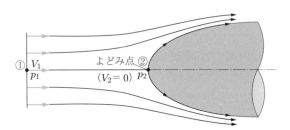

図 4.2 ■ 鈍頭物体まわりの流れ（非粘性流れ）

点に達した流体は，その後，非粘性流れであるので，物体表面に沿って流れると考える．

■4.4.2 ヘッドで表す場合

式 (4.11) を ρg で割ると，次式となる．

$$\frac{1}{2g}V^2 + \frac{p}{\rho g} + z = \text{const.} \qquad [\text{J/N または m}] \tag{4.15}$$

式 (4.15) の第 1 項と第 2 項の単位を調べると，それぞれ $[\text{m}^2/\text{s}^2 \times \text{s}^2/\text{m} = \text{m}]$，$[\text{N/m}^2 \times \text{m}^3/\text{kg} \times \text{s}^2/\text{m} = \text{N}(\text{s}^2/\text{kg}) = \text{m}]$ となり，式 (4.15) の各項は，長さの次元（単位は m）をもつことがわかる．ところで，$[\text{m} = (\text{m} \cdot \text{N})/\text{N} = \text{J/N}]$ の関係があり，重力場において，長さ（高さ）は単位重量あたりのエネルギー $[\text{J/N}]$ を意味することがわかる．このことより，式 (4.15) は，一つの流線上で単位重量 $[\text{N}]$ あたりの流体のもつエネルギーの総和は一定であることを表している．

従来，水の流動を主に扱う水力学 (hydrodynamics) の分野や，ポンプ (pump) や水車 (water turbine) などを扱う流体機械 (fluid machinery) の分野では，液体のもっているエネルギーを，落差や高さを意味するヘッド (head) という用語で表してきた．このヘッドという用語を用いると，式 (4.15) はつぎのようになる．

式 (4.15) の第 1 項の $(1/2g)V^2$ を速度ヘッド (velocity head)，第 2 項の $p/\rho g$ を圧力ヘッド (pressure head)，第 3 項の z を位置ヘッド (potential or elevation head) といい，これら三つのヘッドの和を全ヘッド (total head) という．

■4.4.3 流れのエネルギー損失や付加がある場合

前項までに述べてきたベルヌーイの式 (4.6′)，(4.11)，(4.15) は，非粘性流れに対して導かれたものであり，一つの流線上で流体のもっている力学的エネルギーあるいは全ヘッドが一定で，変わらない場合には適用できる．しかし，粘性によるエネルギー損失または損失ヘッドがある場合や，ポンプなどによって流れのエネルギーが付加される場合には，以下に述べるように，ベルヌーイの式を修正して用いる．

いま，一つの流線上の上流の点①と下流の点②の間に，粘性摩擦や拡大管などによる損失ヘッド h がある場合，2 点間におけるエネルギー式は，

$$\frac{1}{2g}V_1{}^2 + \frac{p_1}{\rho g} + z_1 = \frac{1}{2g}V_2{}^2 + \frac{p_2}{\rho g} + z_2 + h \tag{4.16}$$

となる．さらに，2 点間で，ポンプなどによりヘッド H が加えられた場合には，エネルギー式は次式となる．

$$\frac{1}{2g}V_1{}^2 + \frac{p_1}{\rho g} + z_1 + H = \frac{1}{2g}V_2{}^2 + \frac{p_2}{\rho g} + z_2 + h \tag{4.17}$$

なお，管路内の流れにおける各種損失については，第7章で詳しく述べる.

4.5　ベルヌーイの式の応用

前節までに，流動している流体がもっている力学的エネルギー保存の法則を表すベルヌーイの式は，つぎの三つの形，

$$\frac{1}{2}V^2 + \frac{p}{\rho} + gz = \text{const.} \qquad [\text{J/kg}] \tag{4.6}$$

$$\frac{1}{2}\rho V^2 + p + \rho gz = \text{const.} \qquad [\text{J/m}^3 \text{ または N/m}^2] \tag{4.11}$$

$$\frac{1}{2g}V^2 + \frac{p}{\rho g} + z = \text{const.} \qquad [\text{J/N または m}] \tag{4.15}$$

で与えられることを述べた．これらの式の成立条件は，つぎのとおりである.

① 流れは，粘性（粘性摩擦）が無視できる非粘性流れである.

② 流れは，時間的に変化しない定常流れである.

③ 流れは，流体の密度変化が無視できる非圧縮性流れである.

④ この式は，一つの小さな流管に対して（極限として一つの流線上）で成立する.

ベルヌーイの式を適用する際には，これらの点に十分注意する必要がある.

さまざまな流動問題は，3.6節で述べた流れの質量保存の法則である連続の式と，本章で述べたベルヌーイの式を用いると，解けることが多い．以下に，ベルヌーイの式の応用例について述べる.

■4.5.1　断面積が減少または拡大する管内の流れ

図4.3（a）に示すように，断面積が緩やかに減少する管内を非圧縮性流体が右向きに流れる場合を考える.

実際の流れでは，管内の流れの速度は，管壁近くにおいて流体の粘性摩擦の影響で速度が管の中心部の速度に比べて小さくなる領域（境界層）があるが，ここでは，この速度の遅い領域（境界層）は狭く，流れの速度は断面内で一定であるとする．すなわち，流れの速度や圧力は，流れ方向（x方向）には変化するが，流れに直角方向（y方向）には変化しない，一次元流れであるとする．図4.3（a）に示すように，管の上流および下流位置を①，②とし，それらの位置における断面積をA_1，A_2，流速をV_1，

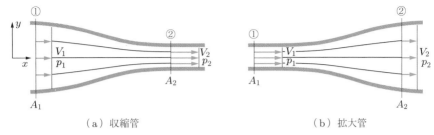

（a）収縮管　　　　　　　　　（b）拡大管

図 4.3 ▪ 断面積が減少または拡大する管内の流れ

V_2, 圧力を p_1, p_2 とすると, 連続の式より,

$$\rho V_1 A_1 = \rho V_2 A_2 \qquad \therefore \quad V_2 = \frac{A_1}{A_2} V_1 \qquad\qquad (4.18)$$

となり, $A_2 < A_1$ より $V_2 > V_1$ となる. 管の中心軸上の流線にベルヌーイの式を適用すると,

$$\frac{1}{2}\rho V_1{}^2 + p_1 = \frac{1}{2}\rho V_2{}^2 + p_2 \qquad\qquad (4.19)$$

となり, この式と $V_2 > V_1$ の関係より $p_2 < p_1$ となる.

　以上より, 断面積が減少する管内では, 下流にいくにつれて速度は増し, 圧力は減少することがわかる. このような流れは, 先細ノズル内の流れでみることができる.

　一方, 図 4.3 (b) に示すように, 断面積が緩やかに拡大する管内の流れでは, 上述の断面積が緩やかに減少する管内の流れ現象と逆の現象が起こる. つまり, 下流にいくにつれて速度は減少し, 圧力は増加する. このような流れは, 断面積が広がる流路, すなわちディフューザ[†] (diffuser) 内の流れでみられる.

▪4.5.2　ピトー管による流速測定

（1）　自由表面をもつ水流（川の水流）の流速測定

　図 4.4 に示すように, L 字管（ガラス管）を用いて, 川の流れのような自由表面をもつ水の流れの速度を求める問題を考えてみる.

　図に示すように, L 字管の水平部分を流れの方向と平行に, 先端部（開口部）を流れの向きに対向して置くと, ガラス管内に水は流入し, ガラス管の鉛直部分の水面は上昇し, ある高さで静止する. ガラス管内の水は, ガラス管の水平部先端から鉛直部の水面まで静止状態となる.

[†]　流れの方向に断面積が連続的に拡大する管.

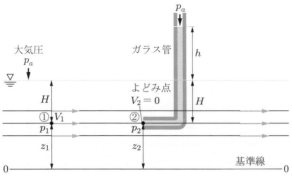

図 4.4 ■ ピトー管による川の流速の測定

　この現象を流体力学的に述べると，つぎのようになる．図 4.2 で述べたように，ガラス管の先端部で流速がゼロとなるよどみ点ができ，この点の圧力（よどみ点圧力）は，流れの静圧に動圧分が加わり上昇する．その結果，ガラス管鉛直部内の水面は上昇する．水面の上昇高さを h とすると，後述する式 (4.22) で示すように，h は，流れの動圧，すなわち流れの速度を V_1，流体の密度を ρ とすると，$(1/2)\rho V_1{}^2$ に比例する．

　つぎに，ベルヌーイの式を適用して，流速を求めよう．

　図 4.4 において，ガラス管の影響が及ばない上流の位置を①，ガラス管先端部のよどみ点を②とし，よどみ点にいたる流線上の流れにベルヌーイの式を適用すると，

$$\frac{1}{2}\rho V_1{}^2 + p_1 + \rho g z_1 = \frac{1}{2}\rho V_2{}^2 + p_2 + \rho g z_2 \tag{4.20}$$

となる．ここで，V，p，z は，流速，圧力，基準面からの高さであり，添字 1，2 は，それぞれ位置①，②での値を意味する．ρ は流体の密度であり，一定とする．$V_2 = 0$，$z_1 = z_2$ を考慮すると，式 (4.20) は，次式となる．

$$\frac{1}{2}\rho V_1{}^2 + p_1 = p_2 \tag{4.21}$$

　ところで，$p_1 = \rho g H + p_a$，$p_2 = \rho g (H + h) + p_a$ であるので，これを式 (4.21) に代入すると，

$$\frac{1}{2}\rho V_1{}^2 = \rho g h \tag{4.22}$$

となる．式 (4.22) より，流れの動圧は，ガラス管鉛直部における水面の上昇高さ h に比例することがわかる．式 (4.22) より，

$$V_1 = \sqrt{2gh} \tag{4.23}$$

となり，ガラス管内の水面の上昇高さ h を測定すれば，流れの速度 V_1 が算出できる．

　上述の方法で流速が測定できることを最初に考案したピトー[†1]にちなみ，この流速を測定する L 字管を，ピトー管 (Pitot tube) という．

（2）　管路内流れの流速測定

　図 4.5 に，管壁に設けた静圧孔，ピトー管および U 字管を組み合わせて，管路内を流れる流体の速度を測定する方法の原理図を示す．

　流れの静圧は，単独には，管壁に直角にあけられた小孔（直径 0.5〜1.0 mm 程度）と，圧力を導くチューブと各種圧力計を使用して測定される．図 4.5 は，ピトー管で測定した流れの全圧と，管壁で測定した流れの静圧との差圧を，流れる流体の密度より大きい流体[†2]を封入した U 字管を使用して測定する方法を示している．

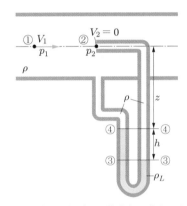

図 4.5 ▪ 流路壁の静圧孔とピトー管を組み合わせた流速の測定

　管が水平に置かれているとし，点①，点②を通る流線にベルヌーイの式を適用すると，

$$\frac{1}{2}\rho V_1{}^2 + p_1 = p_2 \tag{4.24}$$

となり，式 (4.24) より，

$$V_1 = \sqrt{\frac{2(p_2 - p_1)}{\rho}} \tag{4.25}$$

となる．ところで，図に示すように，U 字管に封入した流体（密度 ρ_L）の圧力は同じ高さ（位置③）では等しいので，

[†1]　Henri de Pitot，1695〜1771 年，フランスの土木技師．
[†2]　たとえば，流れる流体が気体の場合には水，流れる流体が水の場合には水銀など．

$$p_1 + \rho g z + \rho_L g h = p_2 + \rho g(z+h) \qquad \therefore \quad p_2 - p_1 = (\rho_L - \rho)gh$$

(4.26)

となり，これを式 (4.25) に代入すると，

$$V_1 = \sqrt{2gh\left(\frac{\rho_L}{\rho} - 1\right)}$$

(4.27)

となる．式 (4.27) より，U 字管内に入れた液体（密度 ρ_L）の液面高さの差 h を測定すれば，管内の中心軸上の流速を算出することができる．

（3）　ピトー静圧管による流速測定

前述の図 4.5 は，静圧と全圧を測定すれば，流体の速度を算出できるというピトー管による測定原理を示している．しかし，図 4.5 では，静圧を別な位置で測る必要がある．静圧と動圧をほぼ同じ位置で，同時に測定できるようにした L 字管をピトー静圧管 (Pitot-static tube)，または単にピトー管という．

図 4.6 に，ピトー静圧管の概要図を示す．

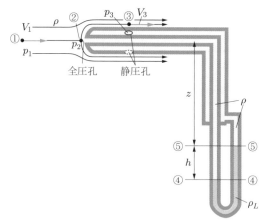

図 4.6 ▪ ピトー静圧管の概要図

ピトー静圧管は，二重円管で構成されており，内側円管先端部の全圧孔で全圧を測定し，外側円管の壁面上の適切な位置に設けられた静圧孔[†]で静圧を測定する構造となっている．流速は，つぎのようにして求められる．

[†]　ここでは，静圧孔の位置は，この位置での静圧がピトー管上流の一様流の静圧と等しくなる位置に設計されている．

　図に示すように，上流の一様流の位置を①，全圧測定位置（よどみ点の位置）を②，静圧測定位置を③とし，よどみ点を通る流線にベルヌーイの式を適用すると，

$$\frac{1}{2}V_1{}^2 + \frac{p_1}{\rho} = \frac{1}{2}V_2{}^2 + \frac{p_2}{\rho} \tag{4.28}$$

となる．なお，式 (4.28) で，位置エネルギーの項は，点①，②の高さが同じであるので，この式には現れてこない．点②はよどみ点であるので $V_2 = 0$ となり，式 (4.28) は，

$$\frac{1}{2}V_1{}^2 + \frac{p_1}{\rho} = \frac{p_2}{\rho} \tag{4.29}$$

となり，式 (4.29) より，

$$V_1 = \sqrt{\frac{2(p_2 - p_1)}{\rho}} \tag{4.30}$$

となる．式 (4.30) で，$(p_2 - p_1)$ は 全圧 − 静圧 ＝ 動圧 であり，式 (4.30) より，流れの動圧がわかれば，流速を算出できることがわかる．

　前述したように，位置③（静圧孔の位置）での静圧は，一様流での静圧と等しい．すなわち $p_3 \cong p_1$ とおけるので，式 (4.30) は，

$$V_1 = \sqrt{\frac{2(p_2 - p_3)}{\rho}} \tag{4.31}$$

となる．式 (4.31) で，$(p_2 - p_3)$ は U 字管内の圧力の関係，すなわち位置④で U 字管の両側の管内の圧力は等しいという関係を使い，つぎのように求められる．

$$p_2 + \rho g z + \rho g h = p_3 + \rho g z + \rho_L g h \tag{4.32}$$

$$p_2 - p_3 = (\rho_L - \rho)g h \tag{4.33}$$

式 (4.33) を式 (4.31) に代入すると，流速を求める式は，

$$V_1 = \sqrt{2gh\left(\frac{\rho_L}{\rho} - 1\right)} \tag{4.34}$$

となる．式 (4.34) は，U 字管に入れる流体の密度 ρ_L が，流れる流体の密度 ρ より非常に大きい場合，たとえば気体の流れの場合には，つぎのようになる．

$$V_1 = \sqrt{2gh\frac{\rho_L}{\rho}} \tag{4.35}$$

　ピトー静圧管は，各種管路内を流れる液体や気体の流れ，風洞内の流れ，航空機まわりの流れなどの流速を測定するのに広く利用されている．そのため，JIS 規格で，ピトー静圧管の形状，寸法，全圧孔と静圧孔の位置と形状・大きさなどについて規定されている．

例題 4.1 ....

　図 4.6 で示すピトー静圧管で空気の流れを測定したところ，水柱マノメータの液面の差 h が 25 mm であった．このときの空気の速度を求めよ．ただし，空気の密度を $\rho = 1.23 \, \text{kg/m}^3$，U 字管に入れる液体を水とし，水の密度を $\rho_w = 1000 \, \text{kg/m}^3$ とする．

解答 ....

　図 4.6 に示すマノメータ中の，同一水面 ④ における圧力は等しいことより，

$$p_2 + \rho g(z + h) = p_3 + \rho g z + \rho_w g h \qquad \therefore \quad p_2 - p_3 = (\rho_w - \rho)gh \tag{1}$$

となる．ところで，ピトー静圧管では $p_1 = p_3$ とおけるように設計されているので，式 (1) は，

$$p_2 - p_1 = (p_w - \rho)gh \tag{2}$$

となり，よどみ点圧力 p_2 は，

$$p_2 = p_1 + \frac{1}{2}\rho V_1^2 \tag{3}$$

となる．この式 (3) より，

$$V_1 = \sqrt{\frac{2(p_2 - p_1)}{\rho}} \tag{4}$$

となる．式 (4) に式 (2) を代入すると，空気の速度 V_1 はつぎのようになる．

$$V_1 = \sqrt{\frac{2(\rho_w - \rho)gh}{\rho}} = \sqrt{2gh\left(\frac{\rho_w}{\rho} - 1\right)}$$

$$= \sqrt{2 \times 9.8 \, \text{m/s}^2 \times 0.025 \, \text{m} \times \left(\frac{1000 \, \text{kg/m}^3}{1.23 \, \text{kg/m}^3} - 1\right)} = 19.9 \, \text{m/s} \tag{5}$$

....

■4.5.3　ベンチュリ管による流量測定

　図 4.7 に示すように，断面積が減少する収縮管，断面積が一定の短い平行部，および断面積が増加する拡大管よりなる管をベンチュリ管 (Venturi tube) という．

　ベンチュリ管を，流体が流れている管にとりつけ，ベンチュリ管入口の壁面圧力（静圧）と平行部における壁面圧力の差を差圧計で測定すると，管内を流れる流体の流量を算出することができる．このような流量計をベンチュリ計 (Venturi meter) という．本項では，このベンチュリ管内の流れと流量測定原理などについて述べる．

　ベンチュリ管の前半部は収縮管，すなわちノズルになっており，4.5.1 項で述べたように，流体の流れは下流にいくにつれて増速し，圧力は減少する．平行部（スロート）

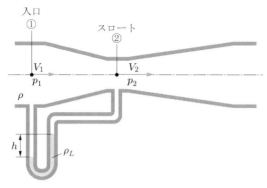

図 4.7 ▪ベンチュリ管

では流れは管壁に平行になる．続いて，後半部は断面積が緩やかに増大する拡大管，いわゆるディフューザになっており，流体の速度エネルギーは圧力エネルギーに変わり，圧力（静圧）は上昇する．

　ベンチュリ管内の流れで，流体の粘性による摩擦損失などの流体のエネルギー損失が無視でき，また，ベンチュリ管内の流れが一次元定常流れとしてとり扱える場合には，以下に示すように，連続の式とベルヌーイの式を使い，速度，圧力，流量などが理論的に求められる．

　図 4.7 に示すように，ベンチュリ管は水平に設置されており，ベンチュリ管内を，非粘性，非圧縮性流体が一次元定常流れで流れているとすると，ベルヌーイの式（単位質量あたりのエネルギー式 (4.6)）は，

$$\frac{1}{2}V_1{}^2 + \frac{p_1}{\rho} = \frac{1}{2}V_2{}^2 + \frac{p_2}{\rho} \tag{4.36}$$

となる．連続の式（質量保存の式）より，流量 Q は，

$$Q = A_1 V_1 = A_2 V_2 \tag{4.37}$$

となる．これより，

$$V_1 = \left(\frac{A_2}{A_1}\right) V_2 \tag{4.38}$$

となる．式 (4.38) を，式 (4.36) に代入すると，

$$V_2 = \frac{1}{\sqrt{1 - \left(\frac{A_2}{A_1}\right)^2}} \sqrt{\frac{2}{\rho}(p_1 - p_2)} \tag{4.39}$$

となり，これを式 (4.37) に代入すると，

$$Q = A_2 V_2 = \frac{A_2}{\sqrt{1 - \left(\frac{A_2}{A_1}\right)^2}} \sqrt{\frac{2}{\rho}(p_1 - p_2)} \tag{4.40}$$

となる．式 (4.39) と式 (4.40) より，圧力差 $(p_1 - p_2)$ を測定すれば，スロート部における速度 V_2 と流量 Q が算出できる．前項で導出したように，U字管マノメータを使うと，

$$p_1 - p_2 = (\rho_L - \rho)gh \tag{4.41}$$

となるので，これを式 (4.40) に代入すると，次式となる．

$$Q = \frac{A_2}{\sqrt{1 - \left(\frac{A_2}{A_1}\right)^2}} \sqrt{2gh\left(\frac{\rho_L}{\rho} - 1\right)} \tag{4.42}$$

　上述のように導出した式 (4.40) と式 (4.42) は，ベンチュリ管内を流れる流体の流量を求める理論式である．実際の流量は，断面① と断面② の間の流れに現れる粘性摩擦や速度分布の非一様性などのため，理論流量とは差異が出てくる．このため，実際の流量 Q_{exp} は，通常，

$$Q_{exp} = CQ = CA_2 V_2 \tag{4.43}$$

と表される．ここで，C は，流量を補正する係数で，流出係数とよばれる．実際に，ベンチュリ管を用いて流量を測定する際には，流出係数 C を，あらかじめほかの精度の高い実験により求めておく必要がある．

■4.5.4　タンクオリフィスからの液体の流出

　はじめに，オリフィスについて簡単に説明しよう．比較的薄い板に小孔をあけ，そこを通して流体を流出させるとき，その孔をオリフィス (orifice) という．オリフィスはタンクからの流体の流出量や管内を流れる流体の流量を測定する際に，よく用いられる．前者をタンクオリフィス (tank orifice) といい，後者を管オリフィス (pipe orifice) という．

　さて，図4.8 に示すように，タンクの側壁に設けたオリフィスから噴出する流れ，すなわち噴流 (jet) のようすについて調べる．

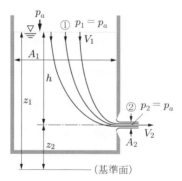

図 4.8 ■ タンクオリフィス流れ（液面が一定の場合）

オリフィス入口から形成される噴流は，最初断面積が減少（縮流）し，オリフィス開口径の約 1/2 だけ下流の位置で最小断面をもつ平行流となって噴出する．

図に示すように，タンク内の液面上の点を①とし，噴流の断面積が最小で，流れが水平になる位置を②とし，噴流の中心を通る流線にベルヌーイの式を適用すると，

$$\frac{p_1}{\rho} + \frac{1}{2}V_1{}^2 + gz_1 = \frac{p_2}{\rho} + \frac{1}{2}V_2{}^2 + gz_2 \tag{4.44}$$

となる．ここで，液面では，大気圧 p_a が作用していること，および②の位置での噴流の中心軸上の圧力は噴流の周辺に作用する大気圧 p_a と等しいこと，すなわち $p_1 = p_2 = p_a$ を考慮すると，式 (4.44) は，

$$V_2{}^2 - V_1{}^2 = 2g(z_1 - z_2) = 2gh \tag{4.45}$$

となる．ここで，$h = z_1 - z_2$ である．

連続の式（質量保存の式），

$$A_1 V_1 = A_2 V_2 \tag{4.46}$$

より，

$$V_1 = \left(\frac{A_2}{A_1}\right) V_2 \tag{4.47}$$

となる．式 (4.47) を式 (4.45) に代入すると，次式となる．

$$V_2 = \sqrt{\frac{2gh}{1 - \left(\dfrac{A_2}{A_1}\right)^2}} \tag{4.48}$$

(1) 液面が変化しない場合

一般に，タンクの横断面積 A_1 は，オリフィスから出る噴流の断面積 A_2 よりもはるかに大きいので，

$$\left(\frac{A_2}{A_1}\right)^2 \cong 0 \tag{4.49}$$

となる．この場合には，液面は変化せず，すなわち，$V_1 = 0$ となり，流出速度 V_2 は，式 (4.48) より，

$$V_2 = \sqrt{2gh} \tag{4.50}$$

となる．

式 (4.50) の関係は，1644 年にトリチェリによって発見されたもので，トリチェリの定理 (Torricelli's theorem) という．この式は，非粘性流体で，粘性摩擦がなくエネルギー損失がない場合には，位置エネルギーはすべて速度エネルギーに変換されることを意味している．これは，質点の力学における物体の自由落下の際に得られる関係と同じである．空気抵抗のない真空中で，高さ h の地点から物体を落下させると，物体は重力により $\sqrt{2gh}$ の速度を得るが，この $\sqrt{2gh}$ はトリチェリの式 (4.50) と同じでたいへん興味深い．ただし，固体物体が落下する場合には，同一の物体が距離 h だけ落下して得る速度であるが，流体が流出する場合には，高さ h の位置にある流体粒子とオリフィスから流出する流体粒子は異なっている．しかし，流体の場合には，細い流管（極限として流線）で高所にある流体とオリフィスから流出する流体は連続的につながっていることに注目すべきである．

オリフィスより流出する流量 Q は，上述してきたように，理論的にはつぎのようになる．

$$Q = A_2 V_2 = A_2 \sqrt{2gh} \tag{4.51}$$

しかし，実際にとり扱う実在流体では，流体の粘性によるエネルギー損失などがあるため，実際の流量は，補正係数 C を掛けて，

$$Q_{exp} = C A_2 \sqrt{2gh} \tag{4.52}$$

となる．ここで，C は流出係数である．

（2）　液面が変化する場合

　ここでは，噴出流量が大きく，タンク内の液面が時間の経過とともに下がる場合について考える．図 4.9 に示すように，液面の高さが z のときのオリフィスの流出速度は，前述の式 (4.50) より $\sqrt{2gz}$ となり，オリフィスより流出する流量は，単位時間あたり $\sqrt{2gz}A_2$ となる．

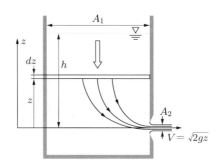

図 4.9 ▪ タンクオリフィスの流れ（液面が変化する場合）

　一方，微小時間 Δt 間で，液面は下方に Δz 移動したとすると，液面の移動速度は，

$$\lim_{\Delta t \to 0} \frac{\Delta z}{\Delta t} = -\frac{dz}{dt} \tag{4.53}$$

となる．ここで，右辺で負号 $(-)$ がついているのは，座標 z を上向きにとっているからである．液面が下がった分の流量は，単位時間あたり $-A_1\,(dz/dt)$ となる．連続の式を適用すると，

$$\sqrt{2gz}A_2 = -A_1\frac{dz}{dt} \tag{4.54}$$

となる．ここで，変数分離すると，

$$dt = -\frac{A_1}{A_2}\frac{dz}{\sqrt{2gz}} \tag{4.55}$$

となり，よって，液面が $z = h$ から $z = 0$ まで降下する時間 T は，次式となる．

$$T = -\int_h^0 \frac{A_1}{A_2}\frac{dz}{\sqrt{2gz}} = \sqrt{\frac{2}{g}}\frac{A_1}{A_2}\sqrt{h} \tag{4.56}$$

演習問題　（以下の問題で，重力加速度の数値が必要な場合には，$g = 9.80\,\mathrm{m/s^2}$ とする.）

4.1　丸い先端形状をもった高速列車が時速 $300\,\mathrm{km}$ で走行している．列車の先端部で，図 4.2 に示すような，よどみ点が形成されたとし，よどみ点圧力を求めよ．ただし，空気の密度を $1.23\,\mathrm{kg/m^3}$ とする.

4.2　先細ノズルから鉛直上方に水を噴出させる．水の最高到達高さを $20\,\mathrm{m}$ および $40\,\mathrm{m}$ と設定した場合，必要とされるノズル出口における水の速度を求めよ．ただし，空気との摩擦は無視するものとする.

4.3　図 4.3 (a) に示すように，収縮する円管内を水が右方向に流れている．断面①および断面②における直径は，それぞれ $d_1 = 20\,\mathrm{cm}$，$d_2 = 10\,\mathrm{cm}$ であり，断面①における流速は $3.5\,\mathrm{m/s}$ であった．断面①および断面②における管壁圧力（静圧）を，それぞれ p_1，p_2 とした場合，圧力差 $p_1 - p_2$ を求めよ．ただし，水の密度は $\rho_w = 1000\,\mathrm{kg/m^3}$ とし，水の粘性によるエネルギー損失はないものとする.

4.4　水平に設置された直径（内径）$80\,\mathrm{mm}$ の水道管の途中にスロート直径 $50\,\mathrm{mm}$ のベンチュリ管をとりつけたところ，ベンチュリ管の圧力差が水銀柱高さで $750\,\mathrm{mm}$ となった．このときの流量を求めよ．ただし，水銀の比重は 13.6，水の密度は $\rho_w = 1000\,\mathrm{kg/m^3}$，流出係数は 1.0 とする.

4.5　図 4.10 に示すように，収縮拡大ノズルを備えた水平管（管の直径 D）の出口②から流量 Q の水が大気中に放出されている．ノズルスロート部①にとりつけられた細管が，下方にあるタンク内の水を吸い上げられる太さのスロート直径 d を求めよ．ただし，スロートからタンク水面までの距離を h，大気圧を p_a とする.

4.6　図 4.11 に示すように，垂直管路内を水が上向きに流れている．管径がそれぞれ $d_1 = 150\,\mathrm{mm}$，$d_2 = 70\,\mathrm{mm}$，断面①と断面②の高さの差が $H = 800\,\mathrm{mm}$ であり，水銀の入った U 字管マノメータの示差が $h = 90\,\mathrm{mm}$ であった．このときの流量を求めよ．ただし，流体の粘性によるエネルギー損失はないものとする.

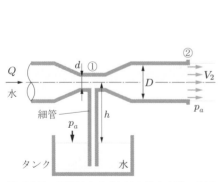

図 4.10 ▪ 収縮拡大ノズルによる水の吸い上げ

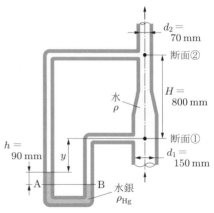

図 4.11 ▪ 垂直管路内の流れ

5 第 章 運動量の法則と応用

　流れの問題を理論的に解析する主要な方法には，3.2 節で述べたように，二つの方法 ①，② がある．① の方法は，流体を微小な流体要素（流体粒子）の集合体としてとらえ，流体粒子の運動を，流線あるいは流管に沿って調べる方法（第 3 章と第 4 章で述べた方法）で，② の方法は，比較的広い範囲にわたって，流体が全体的に流路壁や物体に及ぼす力などを調べる方法である．本章で述べる ② の方法は，調べようとする流れを囲む仮想的な閉曲面を設定し，閉曲面内の流体のもつ運動量変化を調べ，流れを解析する方法である．この閉曲面のことを検査面 (control surface) といい，検査面に囲まれた領域を検査体積 (control volume) という．この検査体積を用いて流体の運動量変化を考え，流れを調べる方法を，検査体積の方法，または運動量の法則 (momentum theorem) を用いる方法という．

　本章では，流れている流体の運動量の法則とその応用について述べる．

5.1　運動量の法則を用いる利点

　本章では，流れの問題に対する運動量の法則（式）の導出と，その法則の応用について述べる．運動量の法則を用いる利点は，以下のとおりである．

　前章で述べたベルヌーイの定理は，流れの基本的な特性，すなわち速度・圧力などを調べるうえで，きわめて有用である．しかし，このベルヌーイの定理では，たとえば円管の断面積が急に変化し，流れ場にはく離（第 7，8 章参照）や渦が生じ，流れ場が非常に複雑になり，流体のエネルギー損失が起こるような場合の流れの問題をとり扱うことができない．

　これに対して，運動量の法則を用いる方法では，調べようとする流体の流れの内部状態が非常に複雑になった場合でも，検査面を適切に設定し，検査面の出口と入口における単位時間あたりの運動量変化を見積もることができれば，たとえば，流体機械やエンジンなどの設計において重要な，流れる流体が受ける力，または流れる流体が

流路壁に及ぼす力などを算出することができる.

　この運動量の法則を用いる方法は，流れが定常流れであれば，粘性流体の流れの場合にも適用でき，また第 8 章で述べるように，流れのなかに置かれた物体にはたらく抗力を求める際にも使用されるなど，実用上，応用範囲は広い.

5.2　質点の運動と運動量

　流れている流体のもつ運動量，すなわち質点の集合体である流体の運動量について考えるまえに，3.7 節と同様に，質点の運動と運動量について述べる.

　図 5.1 に示すように，質量 m [kg] をもつ質点（物体）が，速度 v [m/s] で右方向に動いているとする.

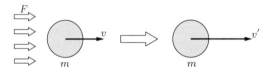

図 5.1 ■ 質点の運動

　この物体に，なんらかの外力 (external force) F [N] が，微小時間 Δt [s] の間に作用し，その結果，速度が v' [m/s] になったとする．このとき，質点の速度の時間的変化，すなわち加速度 α [m/s²] は，

$$\alpha = \frac{v' - v}{\Delta t} \tag{5.1}$$

と表されるので，この質点の運動は，ニュートンの運動の第 2 法則より，

$$F = m\frac{v' - v}{\Delta t} \tag{5.2}$$

と記述される．式 (5.2) の両辺に Δt を掛け，変形すると，

$$F\,\Delta t = mv' - mv \tag{5.3}$$

となる．式 (5.3) の右辺に現れる ［質量 × 速度］ は，物体のもつ運動量 (momentum) で，運動の "勢い" あるいは "激しさ" の程度を表し，単位は [kg·(m/s)] である．左辺に現れる $F\,\Delta t$ は，物体に作用した力 F と作用時間 Δt の積で，力積 (impulse) といい，単位は [kg·(m/s²)·s = kg·(m/s)] である．

　式 (5.3) の右辺は，力積の作用を受ける前と後の，物体のもっている運動量の差（変化）を表している．よって，式 (5.3) から，「物体に作用した力積は，物体のもつ運動

量の変化に等しい」ことがわかる．この式 (5.3) を書き換えると，

$$mv + F\,\Delta t = mv' \tag{5.4}$$

となる．この式より，物体に作用する力 F が，$F > 0$ であれば運動の向きと作用する力の向きが同じであるため，最初 mv であった物体の運動量は，力積 $F\,\Delta t$ の作用を受けて，mv' に増加する．逆に，$F < 0$ の場合には，物体の運動量 mv' は減少することになる．

式 (5.3) より，単位時間あたり，すなわち $\Delta t = 1\,\mathrm{s}$ あたりの運動量変化が算出できると，物体に作用する外力 F を求めることができる．

5.3 運動量の法則の導出（一次元流れ）

本節では，質点（物体）の運動に対して成立する式 (5.3) を，質点の集合体である流体の運動（流れ）の場合に拡張する．

■5.3.1 検査体積内の流体の運動量変化

図 5.2（a），（b）に示すように，断面積が流れ方向に緩やかに収縮する管内を流体が流れる場合について考える．

管内の流れは，流れの速度・圧力・密度などが流れ方向（管軸方向）には変化するが，流れに垂直方向，すなわち管軸に垂直方向には変化せず一定な，いわゆる一次元流れとする．さらに，流れは，定常，非粘性，非圧縮性（流体の密度 ρ は一定）の流れとする．

図 5.2（a）の破線で示すように，断面①（断面積 A_1），断面②（断面積 A_2），および管壁よりなる検査体積を考えると，流体は断面①から流入し，断面②から流出する．断面①と断面②における流速を，それぞれ v_1，v_2，体積流量を $Q\,[\mathrm{m}^3/\mathrm{s}]$ とすると，質量流量 $M\,[\mathrm{kg/s}]$ は，連続の式より，

$$M = \rho Q = \rho A_1 v_1 = \rho A_2 v_2 \tag{5.5}$$

となる．5.4，5.5 節で述べるように，この質量流量 M を用いると，検査体積内の流体に作用する外力 F を算出する際に便利である．式 (5.5) より，定常流れにおいては各断面における流速は異なるが，質量流量は時間的に変化せず一定であることがわかる．

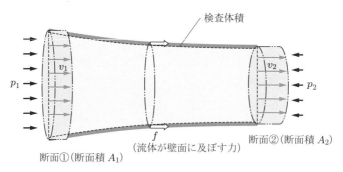

（a）各断面における速度と圧力

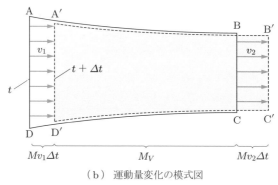

（b）運動量変化の模式図

図 5.2 ■収縮管内の流れ

つぎに，検査体積内の流体のもつ運動量が，流体が流れるにつれてどのように変化するかについて考える．

図 5.2 (b) に示すように，時刻 t における検査体積，すなわち断面 ① と断面 ②，および管壁に囲まれた体積（領域 ABCD）内の流体が，微小時間 Δt 後，すなわち時刻 $t + \Delta t$ に，領域 A′B′C′D′ に動いたとする．このときの流体の運動量変化を求める．まず，領域 ABCD と領域 A′B′C′D′ の重なった部分（領域 A′BCD′）を考えると，定常流れを扱っているので，この領域の流体の質量は時間が経過しても変わらない．また，各断面における速度は時間的に変化しない．このことより，時刻 t と時刻 $t + \Delta t$ における領域 A′BCD′ 内の流体のもつ運動量は同じである．この領域の流体のもつ運動量を M_V とする．領域が重なっていない領域 AA′D′D と領域 BB′C′C の流体のもつ運動量は，それぞれ $Mv_1 \Delta t$ と $Mv_2 \Delta t$ と表されるから，時刻 t における領域 ABCD の流体のもつ運動量は，$Mv_1 \Delta t + M_V$ と表され，時刻 $t + \Delta t$ における領域 A′B′C′D′ の流体のもつ運動量は，$Mv_2 \Delta t + M_V$ と表される．

　以上より，時間 Δt 内で，ABCD 内の流体が A′B′C′D′ 内の流体に移動する間に，流体が受ける力 F は，式 (5.3) の関係を適用すると，

$$F\,\Delta t = (Mv_2\,\Delta t + M_V) - (Mv_1\,\Delta t + M_V) \tag{5.6}$$

となる．式 (5.6) の両辺を Δt で割ると，

$$F = M(v_2 - v_1) \tag{5.7}$$

が得られる．この式 (5.7) は，流れが受ける力と流体の運動量変化の関係を表す式で，流体の運動量の法則または運動量の式 (momentum equation) という．この式は，流体力学における重要な式の一つであり，実際の多くの流れの問題を解く際に，よく使用される．なお，式 (5.7) は，式 (5.5) を用いると，つぎのように表される．

$$F = \rho(A_2 v_2{}^2 - A_1 v_1{}^2) \tag{5.8}$$

■5.3.2　検査体積内の流体にはたらく力

　前項では，検査体積内の流体のもつ運動量の変化について調べた．ここでは，検査体積内の流体が受ける力 F について調べる．ただし，流れは定常，非粘性流れで，同一水平面上の流れであるとし，重力などによる質量力は考慮しないものとする．この場合，図 5.2 (a) に示すように，検査体積内の流体には圧力による力が，検査体積の入口（断面①）および出口（断面②）に作用している．また，管の断面形状が流れ方向に収縮しているため，流体は管に対して管壁を通して流れの向きに力を及ぼす．この力を f とすると，力の作用・反作用の法則により，流体は管壁から $-f$ の力を受ける．したがって，検査体積内の流体が受ける力の合計 F は，各断面における圧力をそれぞれ p_1，p_2 とすると，

$$F = p_1 A_1 - p_2 A_2 - f \tag{5.9}$$

となる．ここで，流体に作用する力の向きは流れの向きを正としている．式 (5.7) より，単位時間あたりの流体の運動量の変化は，$M(v_2 - v_1)$ と表されるので，

$$
\begin{aligned}
F &= p_1 A_1 - p_2 A_2 - f \\
&= M(v_2 - v_1)
\end{aligned} \tag{5.10}
$$

が得られる．式 (5.10) を書き換えると，

$$Mv_1 + p_1 A_1 = Mv_2 + p_2 A_2 + f \tag{5.11}$$

または,

$$\rho A_1 v_1{}^2 + p_1 A_1 = \rho A_2 v_2{}^2 + p_2 A_2 + f \tag{5.12}$$

が得られる. これより, 流体が管壁に及ぼす力 f は,

$$f = \rho A_1 v_1{}^2 + p_1 A_1 - (\rho A_2 v_2{}^2 + p_2 A_2) \tag{5.13}$$

となり, f は検査面の入口と出口における速度と圧力から求められることがわかる.

5.4　噴流が平板に及ぼす力

前節では, 一次元流れに対する運動量の法則 (式) を導出した. ここでは, この運動量の法則を応用し, 重要な流れ問題の一つである噴流の問題を調べよう.

■5.4.1　噴流が平板に垂直に衝突する場合

図 5.3 に示すように, 大気中に垂直に設置された大きな平板に, 左側にあるノズルから噴出した平均流速 u をもつ噴流が垂直に衝突する場合を考える. ここでは, 簡単のため, 二次元噴流, すなわち板面に水平方向 (紙面奥行き方向) に単位幅をもつ噴流を考え, 噴流は平板に衝突後, 二つの方向に均等に分かれ, 平板に沿って流れるとする (図 5.3 は, 上方から見た流れのようすを示している).

流体は非粘性流体で, 流れは定常流れであるとし, 噴流が平板に衝突する前と後で, 流れのエネルギー損失はないものとする. また, 図 5.3 に示す流れは同一水平面上にあり, 流れに及ぼす質量力 (重力など) の影響はないものとする.

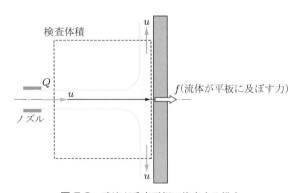

図 5.3 ■ 噴流が垂直平板に衝突する場合

　まず，噴流および平板に沿う流れの圧力（静圧）について考察する．実験により，噴流の静圧は周囲の流体の圧力と等しいことがわかっているので，この場合，噴流中の静圧は大気圧に等しい．また，図5.3に示すような，平板に沿って流れる流体の静圧は，衝突域から十分離れた，流れが平板に平行となる位置では，通常，大気圧に等しい．

　つぎに，衝突域から十分離れた位置における，平板に平行な流れの速度について考察する．噴流および平板に沿う流れは，ここでは，非粘性，非圧縮性，定常流れとしてとり扱っており，また，流れに及ぼす重力の影響は無視できるとしているので，噴流から連続的につながっている平板に沿う流れに対し，ベルヌーイの式を適用すると，衝突域から十分離れた位置における平板に沿う流れの流速は u となる．

　さて，この噴流の衝突問題に対し，運動量の法則を適用するのに先立って，図5.3の破線で示すように，平板に沿う流れの方向が平板に平行になる流れの領域を含むように，検査体積を設定する．

　つぎに，検査体積から，単位時間あたりに流出および流入する運動量と，検査体積内の流体に作用する力を計算する．噴流に垂直方向，すなわち平板に平行方向の流れの運動量と作用する力について考察すると，以下のようになる．本問題では，検査体積の2箇所の断面から流出する流体の運動量は，大きさが等しく向きが反対であるので，平板に平行方向の運動量の合計はゼロとなる．また，検査体積の入口から流入する噴流のもつ，平板に平行方向の運動量は，平板に平行方向の速度成分をもっていないのでゼロである．このことより，平板に平行方向には，全体的に運動量変化はないこと，すなわち平板に平行方向には，流体および平板に力は作用しないことがわかる．

　一方，平板に垂直方向に関しては，衝突前後において，噴流のもつ運動量は，つぎのように変化する．噴流は，平板に衝突前は，平板に垂直方向の速度 u をもっており，平板に衝突後は，最終的には平板に平行方向の速度成分はもつが，垂直方向の速度成分はもたない．つまり，垂直方向の速度成分はゼロとなる．よって，噴流の質量流量を M とすると，衝突前後の流体の平板に垂直方向の運動量変化は，$M(0-u)$ となる．

　噴流が平板に衝突すると，噴流は平板に力を及ぼす．この力を f とすると，力の作用・反作用の法則により，噴流は平板から噴流の向きと反対向きの力を受ける．この力を F とすると，

$$F = -f \tag{5.14}$$

となる．ここで，運動量の法則，すなわち式(5.7)を適用すると，

$$F = M(0-u) \tag{5.15}$$

となる．式 (5.14) を考慮すると，最終的に，噴流が平板に及ぼす力 f は次式となる．

$$f = Mu \tag{5.16}$$

■5.4.2　噴流が斜め平板と衝突する場合

図 5.4 に示すように，ノズルから出た噴流が，角度 θ をもつ大きな斜め平板に衝突する場合（ここで，θ は噴流中心軸の方向と平板面とのなす角度）の，噴流が平板に及ぼす力と，噴流が衝突した後に二つの方向に分かれた流れの流量について調べてみよう．

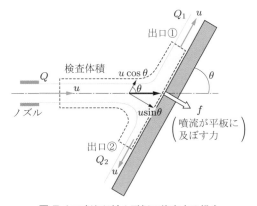

図 5.4 ■噴流が斜め平板に衝突する場合

ここでも，前項と同様，二次元的な噴流を考える．図 5.4 は，上方から見た流れのようすを示している．流体は非粘性流体で，流れは定常流れであるとし，噴流が平板に衝突する前後で，流れのエネルギー損失はないものとする．また，図 5.4 に示す流れは同一水平面上にあり，流れに及ぼす重力の影響は無視できるとする．

前項で述べたのと同様，噴流は大気中を流れているので，噴流の静圧は大気圧に等しい．また，平板に沿って流れる流体の静圧は，衝突域から十分離れた，流れが平板に平行となる位置では大気圧に等しくなる．流れは同一水面上で流れているので，流体のもつ位置エネルギーはつねに等しい．これらのことを考慮すると，ベルヌーイの式より，衝突域より十分離れた位置では，平板に沿う流れの速度は噴流の速度と等しく，u となる．

流れを調べるために，まず，図 5.4 の破線で示すように検査体積を設定する．二次元ノズルから出た噴流の速度を u，密度を ρ，流量を Q とし，出口①および出口②の方向に流れる平板に沿う流れの流量をそれぞれ Q_1，Q_2 とすると，連続の式より，次

式が得られる.

$$Q = Q_1 + Q_2 \tag{5.17}$$

つぎに，この流れ場に運動量の法則を適用する．この際，流れを平板に垂直方向と平行方向に分けて考える.

まず，平板に垂直方向について考える．噴流が平板に及ぼす力を f，噴流が平板から受ける力を F とすると，力の作用・反作用の法則より，$F = -f$ の関係がある.

検査体積に流入する流体の速度の，平板に垂直方向の成分は $u\sin\theta$ であるが，検査体積から流出する流体（平板に沿う流体）の，平板に垂直方向の速度成分はゼロである．質量流量を $M = \rho Q$ とすると，単位時間あたりの運動量変化は $M(0 - u\sin\theta)$ となる．よって，運動量の式 (5.7) を用いると，噴流が平板から受ける力 F は，

$$F = M(0 - u\sin\theta) \tag{5.18}$$

となる．前述したように，$F = -f$ の関係があるので，噴流が平板に及ぼす力 f は，

$$f = Mu\sin\theta \tag{5.19}$$

と求められる．ここで，$\theta = 90°$ を代入すると，当然であるが，前項で導出した同じ結果，すなわち式 (5.16) が得られる.

つぎに，平板に平行な方向について，運動量の式を適用する．前述したように，流れは非粘性流れであるので，平板上で流れのせん断応力は発生せず，せん断応力はゼロである．よって，平板に沿う流れと平板は，平板に平行方向に対して互いに力を及ぼし合わない．また，平板に沿う流れの圧力（静圧）は，衝突域より離れた位置では大気圧と同一であるので，平板に沿う流れに対し，圧力による力はゼロである.

平板に沿う流れの運動量変化を計算すると，つぎのようになる．衝突後，平板に沿って流れる流体のもつ運動量は，出口① の方向を正とすれば，

$$\rho Q_1 u - \rho Q_2 u \tag{5.20}$$

で表される．一方，噴流が衝突前にもっていた平板に平行方向の運動量は，

$$\rho Q u \cos\theta \tag{5.21}$$

と表される．運動量の法則より，

$$(\rho Q_1 u - \rho Q_2 u) - \rho Q u \cos\theta = 0 \tag{5.22}$$

となる．式 (5.22) を ρu で割ると，

$$Q \cos \theta = Q_1 - Q_2 \tag{5.23}$$

が得られる．この式 (5.23) と，式 (5.17) の $Q = Q_1 + Q_2$ を用いると，出口①および出口②の方向に流れる流体の流量 Q_1, Q_2 は，次式となる．

$$Q_1 = \frac{Q(1 + \cos \theta)}{2} \tag{5.24}$$

$$Q_2 = \frac{Q(1 - \cos \theta)}{2} \tag{5.25}$$

例題 5.1

図 5.4 に示す斜め平板において，角度 $\theta = 60°$，噴流が出るノズルの断面積 $A = 2.0 \times 10^{-4} \, \mathrm{m}^2$，噴流の流量 $Q = 1.0 \times 10^{-3} \, \mathrm{m}^3/\mathrm{s}$，流体の密度 $\rho = 1000 \, \mathrm{kg/m}^3$ のとき，噴流が平板に及ぼす力を求めよ．

解答

平板に垂直な方向の運動量の変化について考える．単位時間あたりに破線の検査体積に流入する流体の質量は $\rho A u$，平板に垂直な方向の流速は $u \sin \theta$ である．よって，平板に垂直方向の運動量の変化は，

$$\rho A u (0 - u \sin \theta) = -\rho A u^2 \sin \theta = F$$

となる．ここで，F は平板が流体に及ぼす力である．

よって，噴流（流体）が平板に及ぼす力 f は，$Q = Au$ を考慮すると，次式となる．

$$f = -F = \rho A u^2 \sin \theta = \rho \frac{Q^2}{A} \sin \theta$$
$$= 1000 \, \mathrm{kg/m}^3 \times \frac{(1.0 \times 10^{-3} \, \mathrm{m}^3/\mathrm{s})^2}{2 \times 10^{-4} \, \mathrm{m}^2} \times \sin 60° = 4.33 \, \mathrm{N}$$

5.5　ジェット推進

図 5.5 に示すように，大きな容器の右下側面に設けられた断面積 A の小さなノズルから，液体が噴流（ジェット）として，流速 u で，大気中に噴出しているとする．

容器の断面積が十分大きいとすれば，液面の降下速度はゼロ，すなわちノズルの中心から液面までの高さ h は一定とみなせる．図 5.5 の破線で示すように検査体積をと

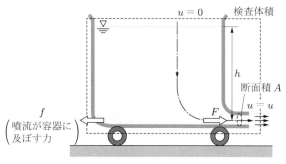

図 5.5 ■ ジェット推進

ると，検査体積から流出する噴流の質量流量は，

$$M = \rho Q = \rho A u \tag{5.26}$$

となり，流出する噴流のもつ単位時間あたりの運動量は mu となる．一方，検査体積に流入する流体の運動量はない．よって，運動量の式 (5.7) を適用すると，

$$F = M(u - 0) = Mu \tag{5.27}$$

が得られる．ここで，F は容器内の流体（容器）が噴流に及ぼす力である．力の作用・反作用の法則により，容器は噴流から噴流の向きと反対方向の力を受ける．この容器が噴流から受ける力を f とすれば，

$$f = -F \tag{5.28}$$

となる．この式 (5.28) と式 (5.27) より，次式が得られる．

$$f = -Mu \tag{5.29}$$

ここで，負号 $(-)$ は，容器が噴流の流れと反対の向きに力を受けることを意味する．

　式 (5.29) の物理的意味について考えてみる．図 5.5 の一点鎖線で示すように，液面から出口のノズルまで続く 1 本の流線を描き，その流線上の任意の点における水平方向の速度成分を考えてみる．最初ゼロであった流体粒子の水平方向の速度成分は，出口付近では u の大きさに増加し，その間，流体粒子は水平方向の運動量を得ているので，流体粒子は，右方向に力を受けて加速運動していると考えられる．その結果，力の作用・反作用の法則により，容器（容器内の流体）は，噴流の流れの向きと反対向きの力を受けることがわかる．

　本節で述べた，流体の入った容器が，ノズルから噴出したジェット（噴流）から力を得て，ジェットの流れの向きと反対向きに運動するメカニズムは，いわゆる飛行体の「ジェット推進 (jet propulsion) のメカニズム」と同じである．ジェット旅客機が空を飛び，ロケットが真空の宇宙でも飛行できるのは，ガスをノズルから高速で噴射させ，その反対向きの力を利用しているからである．

5.6　二次元流れへの拡張

■5.6.1　噴流が曲面板に及ぼす力

　図 5.6 に示すように，静止している二次元曲面板（xy 座標系）の左側から，x 軸と平行，すなわち曲面板の接線方向に噴流が平均流速 u_0 で流入し，角度 θ だけ曲げられて流出していくとする．このとき，流れが曲面板に及ぼす力 f（この力の x 方向成分および y 方向成分を f_x，f_y とする）を求めるために，5.3 節で導出した運動量の法則を二次元流れの場合に拡張する．ただし，これまでの場合と同様に，流体は非粘性流体，流れは定常流れであるとし，xy 面は同一水平面上にあり，流れに及ぼす重力などの質量力は考慮しない．また，検査体積を図中の破線で示すようにとり，検査体積内を流れる流体の圧力（静圧）は大気圧と同じであるとする．

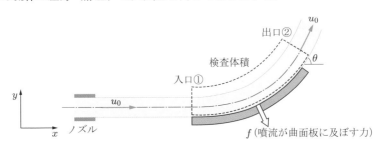

図 5.6 ■ 噴流が曲面板に及ぼす力

　流体は曲面板に沿って流れる際，曲面板に力を及ぼし，流体は曲面板からその反対向きの力を受ける．ここで，x 方向の速度成分を u，y 方向の速度成分を v とし，検査体積の入口① 側を添字 1，出口② 側を添字 2 とすると，x 方向の速度成分はつぎのようになる．

$$u_1 = u_0 \tag{5.30}$$

$$u_2 = u_0 \cos \theta \tag{5.31}$$

また，y 方向の速度成分はつぎのようになる．

$$v_1 = 0 \tag{5.32}$$

$$v_2 = u_0 \sin \theta \tag{5.33}$$

曲面板に沿って流れる流体が曲面板から受ける力 F の x 方向および y 方向成分を，それぞれ F_x，F_y とし，微小時間 Δt 間に流れる流体の質量を m とすると，運動量の変化と力積の関係式より，

$$F_x \, \Delta t = m(u_2 - u_1) \tag{5.34}$$

$$F_y \, \Delta t = m(v_2 - v_1) \tag{5.35}$$

と書ける．曲面に沿って流れる流体が曲面板に及ぼす力を f とすると，$F_x = -f_x$，$F_y = -f_y$ であるので，上式はそれぞれ

$$-f_x \, \Delta t = mu_0 \cos \theta - mu_0 \tag{5.36}$$

$$-f_y \, \Delta t = mu_0 \sin \theta - 0 \tag{5.37}$$

となる．$m = M \, \Delta t$ と表されるので，上式に代入することによって，f_x，f_y は，それぞれ，

$$f_x = Mu_0(1 - \cos \theta) \tag{5.38}$$

$$f_y = -Mu_0 \sin \theta \tag{5.39}$$

と表せる．

　もし，曲面板が x 方向に一定の速度 U で移動しているとすれば，流体の衝突前後の運動量の算出に必要な相対速度は，曲面板が静止しているときよりも速度が U だけ減速していることになるので，静止している曲面板に x 方向から $u_0 - U$ の速度で流体が流入したことと同じになる．したがって，

$$f_x = M(u_0 - U)(1 - \cos \theta) \tag{5.40}$$

$$f_y = -M(u_0 - U) \sin \theta \tag{5.41}$$

となる．

■5.6.2　流れが曲がり流路に及ぼす力

　図 5.7 に示すように，曲がり流路内を流れる流体が，流路壁に及ぼす力 f を求めてみよう．

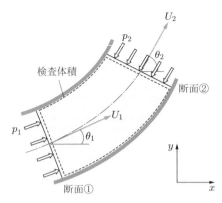

図 5.7 ■ 流れが曲がり流路に及ぼす力

　図中の破線で示すような検査体積を考え，流体は検査体積の入口（断面①）に平均流速 U_1 で流入し，出口（断面②）から平均流速 U_2 で流出するとし，入口および出口における圧力を，それぞれ p_1, p_2 とする．検査体積内の流体が受ける力 F の x 方向成分および y 方向成分をそれぞれ F_x, F_y とすると，それぞれ，

$$F_x = p_1 A_1 \cos\theta_1 - p_2 A_2 \cos\theta_2 - f_x \tag{5.42}$$

$$F_y = p_1 A_1 \sin\theta_1 - p_2 A_2 \sin\theta_2 - f_y \tag{5.43}$$

となる．ここで，A_1 と A_2 は，断面①と断面②における断面積で，f_x と f_y は，f の x 方向成分と y 方向成分である．

　つぎに，曲がり流路内を流れる流体の運動量の変化を，x 方向，y 方向について求める．時間 Δt 間に流れる流体の質量を m とすると，m は入口および出口で一定である．これより，x 方向の運動量変化は，$m(U_2 \cos\theta_2 - U_1 \cos\theta_1)$，$y$ 方向の運動量変化は，$m(U_2 \sin\theta_2 - U_1 \sin\theta_1)$ となる．したがって，運動量変化と力積の関係式を，x 方向と y 方向に適用すると，

- x 方向

$$F_x\,\Delta t = m(U_2 \cos\theta_2 - U_1 \cos\theta_1) \tag{5.44}$$

- y 方向

$$F_y\,\Delta t = m(U_2 \sin\theta_2 - U_1 \sin\theta_1) \tag{5.45}$$

が得られる．F_x, F_y に関する式 (5.42) および式 (5.43) を，それぞれ上の式に代入し，$m = M\,\Delta t$（ただし，M は質量流量）を用いて整理すると，

$$p_1 A_1 \cos\theta_1 - p_2 A_2 \cos\theta_2 - f_x = M(U_2 \cos\theta_2 - U_1 \cos\theta_1) \tag{5.46}$$

$$p_1 A_1 \sin\theta_1 - p_2 A_2 \sin\theta_2 - f_y = M(U_2 \sin\theta_2 - U_1 \sin\theta_1) \tag{5.47}$$

が得られる．流体の密度を ρ とすると，$M = \rho A_1 U_1 = \rho A_2 U_2$ と表されるから，流体が流路に及ぼす力 f の x 方向成分，y 方向成分は，それぞれ，

$$f_x = p_1 A_1 \cos\theta_1 - p_2 A_2 \cos\theta_2 - \rho(A_2 U_2{}^2 \cos\theta_2 - A_1 U_1{}^2 \cos\theta_1) \tag{5.48}$$

$$f_y = p_1 A_1 \sin\theta_1 - p_2 A_2 \sin\theta_2 - \rho(A_2 U_2{}^2 \sin\theta_2 - A_1 U_1{}^2 \sin\theta_1) \tag{5.49}$$

となる．

演習問題

5.1 図 5.8 のように，断面積 A_2 の流路に，断面積 A_1 のオリフィスを設置すると，オリフィスを通過した液体は，再び断面積 A_2 に急拡大する．断面積 A_1 および断面積 A_2 における速度と圧力を，それぞれ U_1, p_1 および U_2, p_2 とし，断面①–②間で運動量が保存すると仮定すると，どのような運動量保存の式が立てられるか検討せよ．ただし，流体が流路に与える力はなく，流体の密度 ρ は一定とする．

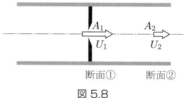

図 5.8

5.2 5 m/s で流れている川の流れに逆らって，12 m/s で遡るジェット推進船がある．ジェットの流量を 0.2 m³/s，水の密度を 1000 kg/m³，噴流速度（絶対速度）を 25 m/s とすると，推進力はいくらか求めよ．ただし，ジェットの入口と出口の圧力差はないものとする．

5.3 ノズル口径が 25 mm のペットボトルに，0.6 L の水を入れてロケットのように飛ばそうと思う．水の密度を 1000 kg/m³ として，自重以上の推力を得るためには最低どれくらいの噴射速度が必要か求めよ．ただし，運動量の計算において圧力差は無視してよい．

5.4 図 5.7 の曲がり流路において，断面①の $\theta_1 = 0°$，断面②の $\theta_2 = 90°$ とした直角曲がり流路を考える．断面①，②における流速をそれぞれ U_1, U_2，圧力をそれぞれ p_1, p_2 とする．流体は非粘性流体で定常とし，密度も変化しないとする．いま，断面①から②へ変化するにあたり，断面積が変化しない場合と断面積が半分になる場合について，流体が流路に及ぼす x 方向の力成分 f_x および y 方向の力成分 f_y をそれぞれ求めよ．

5.5　図 5.9 に示すように，直径 $d = 25\,\text{mm}$，速度 $v = 15\,\text{m/s}$ の水噴流がノズルから水平方向に噴出している．この噴流は，u の速度で噴流と同じ方向に動いている一枚の曲面板に沿って流入し，噴流の向きとは逆向きで水平面に対して角度 $\beta = 30°$ 下向きに方向を変えて曲平板から流出している．水の密度を $\rho_w = 1000\,\text{kg/m}^3$，摩擦などの損失や重力の影響は無視する．以下の問いに答えよ．

（1）　曲面板が静止（$u = 0$）している場合，噴流が曲面板に及ぼす噴流方向の力 F_x およびそれに垂直な力 F_y（上向きを正）を文中の記号を用いて答えよ．

（2）　曲面板が $u = 6\,\text{m/s}$ で等速運動している場合，噴流が曲面板に及ぼす噴流方向の力 F_x およびそれに垂直な力（上向きを正）F_y を求めよ．

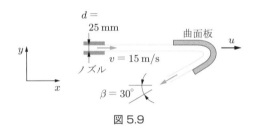

図 5.9

第6章 粘性流れの基礎

水や空気などの実際の粘性を有する流体（実在流体）が管内を流れると，流れのエネルギー損失が起こり，管内の圧力は下流にいくにつれて降下する，いわゆる圧力損失 (pressure loss) が起こる．また，実在流体中を物体が運動すると，物体は流体から抵抗 (fluid resistance) あるいは抗力 (drag) を受ける．これらの流れ現象には，流体の粘性が深くかかわっている．

本章では，粘性流れの基礎として，粘性の影響が現れる流れについて述べる．具体的には，粘性流れの状態や性質を規定する重要なパラメータである，レイノルズ数 (Reynolds number) の物理的意味，層流と乱流，管内流れの圧力損失と深く関連しているせん断応力とその発生メカニズム，流れのなかに置かれた平板や流線形物体に作用する流体力（抗力や揚力 (lift)）の基礎概念について述べる．

6.1 流れの相似

われわれが関心をもつ実際の流れ現象は，表 1.1 で示したように，さまざまな分野で現れる．しかし，それらの流れ現象は非常に複雑であり，また，スケール的に非常に大きすぎるか小さすぎるため，そのままのスケールで明らかにすることは非常に難しい．そのため，実物 (prototype) または原型を調べやすい大きさにつくりかえた模型 (model) をつくり，風洞 (wind tunnel) や回流水槽などを用いて実験を行い，模型まわりの流れのようすを調べて，実物まわりの流れ状態を類推，解析することが多い．

模型実験を行う際に注意しなければならない点は，実物まわりの流れと模型まわりの流れにおいて，流れの相似 (flow similarity) が成り立つようにすることである．この流れの相似条件を与える関係を，相似則 (law of similarity) という．

実物まわりの流れと模型まわりの流れが相似になるためには，つぎの三つの相似条件を満たす必要がある．

(a) 幾何学的相似 (geometric similarity)　実物と模型は幾何学的に相似であり，実物と模型の対応する長さの比がすべて等しい.

(b) 運動学的相似 (kinematic similarity)　実物と模型の流線は幾何学的に相似であり，流線上の対応する点での速度の比がすべて等しい.

(c) 力学的相似 (dynamic similarity)　実物と模型まわりの流れの対応する点に作用する力の比がすべて等しい.

(a) については自明であるので，説明は省略する.

(b) の運動学的相似の条件の後半について説明する. 図 6.1 (a)，(b) に示すように，実物と模型まわりの流線上の対応する二つの調査点を① および② とし，それらの点における速度を，それぞれ V_1, V_2, V_{m_1}, V_{m_2} とする. 以後，模型の場合の諸量に対し，添字 m を付すこととする. すると，対応する点での速度比が等しいことは，次式で表現される.

$$\frac{V_{m_1}}{V_1} = \frac{V_{m_2}}{V_2} \tag{6.1}$$

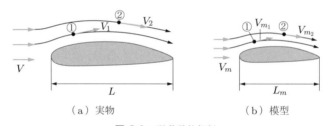

（ a ）実物　　　　　　　　　（ b ）模型

図 6.1 ■ 運動学的相似

つぎに，(c) の力学的相似について説明する. 流れ場の微小な流体要素である流体粒子に作用するおもな力は，第4章までに述べた非圧縮性・非粘性流れの場合には，慣性力（＝ 質量 × 加速度）F_i，圧力による力 F_p，重力 F_g であったが，流れに及ぼす粘性の影響が大きい粘性流れの場合には，上述の三つの力に，粘性による力の粘性力 (viscous force) F_v が加わる. よって，粘性流れの流体粒子に対するニュートンの運動方程式は，静止している観測者の立場から式を構築すると，

$$F_i\ =\ F_p\ + F_g + F_v \tag{6.2}$$
$$\text{慣性力}\quad\text{圧力による力}\quad\text{重力}\quad\text{粘性力}$$

と表される. この式の左辺（慣性項）を右辺に移項すると，

$$F_p\ + F_g + F_v\ + (-\ F_i\ ) = 0 \tag{6.3}$$
$$\text{圧力による力}\quad\text{重力}\quad\text{粘性力}\quad\text{慣性力}$$

の形に書き換えられる. この式 (6.3) は, 流体粒子とともに移動する観測者からみた力の関係式である. これより, 流体粒子に作用する力は, 慣性力を含めて考えると力学的に釣り合い, 平衡状態になり, 流体粒子は静止しているとみなすことができる. このように, 慣性力を導入して, 動力学の問題を静力学の問題として考えることを, 2.4 節で述べたようにダランベールの原理という.

流れ現象において, 慣性力 F_i, 圧力による力 F_p, 粘性力 F_v が顕著に現れる場合, 流体粒子の運動を支配する式は, 次式で表される.

$$F_i = F_p + F_v \tag{6.4}$$

$$\underset{\text{圧力による力}}{F_p} + \underset{\text{粘性力}}{F_v} - \underset{\text{慣性力}}{F_i} = 0 \tag{6.5}$$

この式 (6.5) より, 流れ現象に及ぼす慣性力, 粘性力, 圧力による力の三つの力のうち, 二つの力が求められれば, 残りの一つの力は自動的に求められる.

上述の慣性力, 粘性力, 圧力による力の三つの力が支配する流れ場における, 力学的相似について考えてみる. 図 6.2 (a), (b) に示すように, 実物と模型まわりの流れ場の対応点①における, 流体粒子にはたらく慣性力, 粘性力, 圧力による力を, 実物に対しては F_i, F_v, F_p, 模型に対しては F_{m_i}, F_{m_v}, F_{m_p} とする.

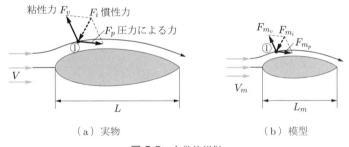

（a）実物　　　　　　　　（b）模型

図 6.2 ▪ 力学的相似

すると, 流れの力学的相似の条件は, 実物と模型まわりの流れ場における, 対応する点（図では点①）に作用する力の比がすべて等しいということなので,

$$\frac{F_{m_i}}{F_i} = \frac{F_{m_v}}{F_v} = \frac{F_{m_p}}{F_p} = \text{const.} \tag{6.6}$$

と表される. この式 (6.6) より, 次式が得られる.

$$\frac{\text{慣性力}}{\text{粘性力}} = \frac{F_i}{F_v} = \frac{F_{m_i}}{F_{m_v}} = \text{const.} \tag{6.7}$$

$$\frac{\text{圧力による力}}{\text{慣性力}} = \frac{F_p}{F_i} = \frac{F_{m_p}}{F_{m_i}} = \text{const.} \tag{6.8}$$

式 (6.7) と式 (6.8) は，慣性力，粘性力，圧力による力の三つの力が支配する流れ場において，慣性力と粘性力の比，または圧力による力と慣性力の比を，実物と模型の流れで一致させれば，二つの流れは相似になることを意味する．

6.2 　レイノルズ数

各種の管路内やポンプ・水車などの流体機械内などの固体壁面で囲まれた領域内の流れ現象で，とくに流れ現象に及ぼす慣性力，粘性力，圧力による力などの影響を調べる際に考慮しなければならない重要な二つの力は，式 (6.7) で述べたように，慣性力と粘性力である．なお，慣性力と粘性力がわかれば，圧力による力は運動方程式により算出できる．この流れ場において，粘性力に対する慣性力の比が同じになれば，流れの相似性は保たれる．

さて，流れ場の代表寸法を L，代表速度を U，流体の密度を ρ とすれば，慣性力 F_i は，

$$F_i = (\text{質量}) \times (\text{加速度}) = (\rho L^3)\left(\frac{U^2}{L}\right) = \rho L^2 U^2 \tag{6.9}$$

と表される．また，粘性力 F_v は，流体の粘度を μ，動粘度を $\nu \, (= \mu/\rho)$，面積を $A = L^2$ とすると，

$$F_v = (\text{せん断応力}) \times (\text{面積}) = \mu\left(\frac{du}{dy}\right)L^2 = \mu\left(\frac{U}{L}\right)L^2 = \mu U L \tag{6.10}$$

で表される．よって，慣性力と粘性力の比をとると，

$$\frac{\text{慣性力}}{\text{粘性力}} = \frac{F_i}{F_v} = \frac{\rho L^2 U^2}{\mu U L} = \frac{\rho U L}{\mu} = \frac{U L}{\nu} \equiv Re \tag{6.11}$$

となる．この流れの慣性力と粘性力の比を表す無次元数 Re をレイノルズ数 (Reynolds number) という．この名称は，円管内を流れる粘性をもつ水などの実在流体の流れの挙動や圧力降下特性を，はじめて明らかにしたレイノルズ[†]にちなんでつけられた．

式 (6.11) より，Re の小さな流れは粘性力が慣性力に比べて優勢な流れであり，Re の大きい流れは慣性力が粘性力に比べて優勢な流れであることがわかる．前者は低速度で高粘度の流れに，後者は高速度で低粘度の流れに対応する．

[†]　Osborne Reynolds，1842〜1919 年，イギリスの数学者・物理学者．

　なお，式 (6.11) を用いて，円管内の流れのレイノルズ数を求める際には，通常，円管の直径 d を代表長さ L に，円管内の平均流速 $\overline{V}$ を代表速度 U にとる．また，一様流中に置かれた物体，たとえば球まわりの流れの場合には，一様流の速度と球の直径を，代表速度と代表長さにとる．

　これまでの解説で，粘性力と慣性力が支配的な実際の流れにおいて，模型と実物まわりの流れのレイノルズ数を一致させれば，模型と実物まわりの流れは相似になることがわかる．また，第 7 章と第 8 章で述べる実際の管路内の流れや物体まわりの流れの実験データの多くは，レイノルズ数の関数としてまとめられることを付記しておく．

6.3　層流と乱流

　水道の蛇口から水が流れ出る状態を注意深く観察すると，蛇口を絞って流量を少なくし，流速を遅くすると，図 6.3 (a) に示すように，蛇口から流出する水の表面はなめらかで，水は整然と層状に流れる．これは層流 (laminar flow) である．

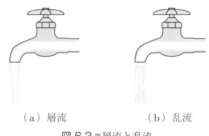

（a）層流　　　　　（b）乱流
図 6.3 ■ 層流と乱流

　一方，蛇口を大きく開いて流量を増加させ，流速を速めると，図 6.3 (b) に示すように，流れは大小さまざまな，時間的・空間的に不規則な変動をともなう流れになる．このような流れを乱流 (turbulent flow) といい，流れの変動を乱れ (turbulence) という．乱流では，流体を構成する微小な流体塊の流体粒子は，周辺の流体粒子と活発に混合する．

　流れが層流から乱流へ移行する現象を流れの遷移 (transition) という．レイノルズは円管内の流れの遷移現象に関心をもち，図 6.4 に示すような，水槽，ガラス管，および着色液供給部からなる実験装置を用いて，円管内の流れの遷移現象を可視化して調べた．その結果，一般的な傾向として，平均流速 $\overline{V} = Q/A$（Q は流量，A は管の断面積）が小さい場合には，図 6.5 (a) に示すように，管入口近傍に設置された細管から出る糸状の着色液は，円管の軸に平行にまっすぐに流れ，円管内の流れは層流とな

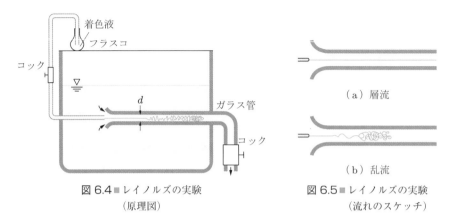

図 6.4 ■ レイノルズの実験
（原理図）

（a）層流

（b）乱流

図 6.5 ■ レイノルズの実験
（流れのスケッチ）

ることがわかった．また，平均流速 $\overline{V}$ がある限界値より大きい場合には，図6.5（b）に示すように，糸状の着色液は円管内のある位置から下流で大きく乱れて円管内全体に広がり，円管内の流体粒子は不規則に変動，混合しながら流れ，円管内の流れは乱流になることがわかった．

　さらに，レイノルズは，円管内の流れの遷移現象に及ぼす円管の直径 d，円管内の平均流速 $\overline{V}$，液体の動粘度 ν の影響を系統的に調べた．具体的には，内径の異なる3種類のガラス管を用い，水温を 4〜60℃ に変化させることによって動粘度 ν を変え，また，ガラス管の下流側の管にとりつけられているコックを用いて流量と平均流速 $\overline{V}$ を変え，円管内の流れの遷移現象を詳細に調べた．その結果，円管内の流れが層流になるか，乱流になるかは，次式

$$Re = \frac{\overline{V}d}{\nu} \tag{6.12}$$

で決まることをはじめて発見した（1883 年）．Re は無次元数で，前述したように，レイノルズ数とよばれ，いろいろな流れの状態や性質を理解・解析する重要な変数（パラメータ）として広く利用されている．

　流れが層流から乱流に遷移するときのレイノルズ数を臨界レイノルズ数 (critical Reynolds number) Re_{c} という．臨界レイノルズ数は，円管の入口における流体の実験前の沈静の度合い，あるいは円管の入口に実験前に与えた撹乱（または擾乱ともいう）の大きさと密接な関係がある．円管の入口にどのような大きな撹乱を与えても円管内の流れが層流に保たれる臨界レイノルズ数 Re_{c} は，次式である．

$$Re_{\mathrm{c}} = \left(\frac{\overline{V}d}{\nu} \right)_{\mathrm{crit}} \cong 2300 \tag{6.13}$$

一方，円管の入口にトランペット形，あるいは良好な形状の収縮ノズルを用いて撹乱をきわめて少なくすると，臨界レイノルズ数は高くなり，たとえば，5×10^4 になるという実験結果が報告されている．

直径 6 mm の円管内を 20℃ の水（動粘度 $\nu = 1.004 \times 10^{-6} \, \mathrm{m^2/s}$）が流れている．流れが層流に保たれる最大平均流速を求めよ．

解答

流れが層流に保たれる臨界レイノルズ数を $Re_\mathrm{c} = (\overline{V}d/\nu)_\mathrm{crit} = 2300$ とすると，次式となる．

$$\overline{V} = Re_\mathrm{c} \times \frac{\nu}{d} = 2300 \times \frac{1.004 \times 10^{-6}}{6 \times 10^{-3}} = 0.385 \, \mathrm{m/s}$$

レイノルズは，円管内の流れの遷移現象の観察に加え，円管内を流体が流れる際に生じる流体の圧力降下 (pressure drop) 現象にも注目し，実験を行った．その実験結果の概略を図 6.6 に示す．縦軸は，円管の一定長さについての圧力降下 Δp であり，横軸は平均流速 $\overline{V}$ である．図中の $\Delta p \propto \overline{V}$ の領域は層流に，$\Delta p \propto \overline{V}^{1.7 \sim 2.0}$ の領域は乱流に対応している．この圧力降下特性の違いは，次節で述べるように，層流と乱流の場合におけるせん断応力の発生と深く関連している．

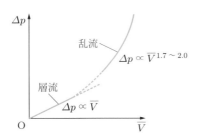

図 6.6 ▪ 平均流速 $\overline{V}$ と圧力降下 Δp

6.4 せん断応力の発生メカニズム

粘性流体が円管内を流れる際に，円管の一定長さで圧力降下が生じることを前節で述べた．この圧力降下現象は，流体と固体壁面間および平均流速の違う流体層間で生じる，流体の粘性にもとづくせん断応力や，流体粒子の混合活動によるせん断応力の発生と深く結びついている．ここでは，流れが層流および乱流である場合のせん断応

力の発生メカニズムについて述べる.

■6.4.1　層流の場合

　流れが層流の場合には，1.4.5 項で述べたように，速度の異なる流体層間に，流体の
もつ粘性による摩擦力，すなわち単位面積あたりの摩擦力であるせん断応力 τ_V が発
生する．このことを式で表現すると，

$$\tau_V = \underbrace{\mu \frac{d\bar{u}}{dy}}_{\substack{\text{流体の粘性（分子粘性）} \\ \text{にもとづくせん断応力}}} = \rho\nu\frac{d\bar{u}}{dy} \tag{6.14}$$

となる．ここで，$\bar{u}$ は固体壁面からの距離 y の位置における x 方向の平均速度[†]，$d\bar{u}/dy$
は流れに垂直方向の速度勾配，ρ は流体の密度，μ は流体の物性値である粘度（分子粘
性ともいう），$\nu\,(=\mu/\rho)$ は流体の動粘度である.

■6.4.2　乱流の場合
（1）　レイノルズ応力の発生

　流れが乱流の場合には，流体を構成する微小な流体塊を表す流体粒子は，隣接する
流体粒子と激しく混合し，平均速度の異なる流体層間で運動量の交換が行われる．そ
の結果，平均速度の異なる 2 層の平均速度を均一化しようとする力が 2 層間にはたら
く．これを力学的に表現すると，平均速度の異なる 2 層間で，流体粒子のもつ運動量
交換により運動量変化が生じ，その結果，運動量の法則により，2 層間にせん断応力
が発生する.

　流れが乱流の場合には，流体のもつ粘性（分子粘性）により発生するせん断応力 τ_V
$(=\mu\,d\bar{u}/dy)$ に加えて，流体粒子の激しい混合運動により，流体粒子間で運動量の交
換，および変化が生じてせん断応力 τ_R が発生する．すなわち，乱流中のせん断応力 τ
は，τ_V と τ_R の和で，

$$\begin{aligned} \tau &= & \tau_V & + & \tau_R \\ &= & \underbrace{\rho\nu\frac{d\bar{u}}{dy}}_{\substack{\text{流体の粘性（分子粘性）} \\ \text{にもとづくせん断応力}}} & + & \underbrace{\tau_R}_{\substack{\text{乱れ運動にもと} \\ \text{づくせん断応力}}} \end{aligned} \tag{6.15}$$

[†]　1.4.5 項で単に u と記したものと同じ.

と表すことができる．式 (6.15) の第 1 項の τ_V は，流体の粘性（分子粘性）にもとづくせん断応力で，$\overline{u}$ は乱流の流れ場における流れ方向の平均速度，$d\overline{u}/dy$ は流れに垂直方向の速度勾配，ν は流体の動粘度である．第 2 項の τ_R は，乱流の乱れ運動にもとづくせん断応力で，レイノルズ応力 (Reynolds stress) という．なお，このレイノルズ応力 τ_R は，混合運動が抑制される固体壁面近くを除けば，第 1 項の応力 τ_V に比べて非常に大きく，$\tau_R \gg \tau_V$ となる．

さて，レイノルズ応力は，流体の粘性が見掛け上，増加したものであるとみなし，層流の場合のせん断応力の式 (6.14) にならって，乱流のせん断応力 τ_R は，

$$\tau_R = \rho \nu_t \frac{d\overline{u}}{dy} \tag{6.16}$$

となる．ここで，$d\overline{u}/dy$ は乱流における平均速度勾配，ν_t は乱流における動粘度である．なお，層流での動粘度 ν は流体がもつ物性値であるのに対し，乱流における動粘度 ν_t は流体がもっている物性値ではなく，乱流での流体粒子の激しい混合運動により生じるせん断応力に関係する値であるので注意が必要である．流れが層流の場合には，流体粒子の混合運動はなく，乱流の動粘度はゼロで，$\nu_t = 0$ となる．

これまで，乱流では流体粒子は激しく混合し，その結果，せん断応力が発生すると述べてきたが，ここでは，なぜ乱流では流体粒子が混合するかについて簡単に述べる．

乱流を詳細に調べると，乱流場においては，大小さまざまな渦が存在し，それらの渦運動のはたらきで流体粒子が混合し，その結果，せん断応力が発生すると考えられる．この考えは，ブシネスク[†]が提案したもので，ブシネスクの仮説といわれている．この考えによると，式 (6.16) は，

$$\tau_R = \rho \varepsilon \frac{d\overline{u}}{dy} \tag{6.17}$$

と表される．ここで，ε（イプシロン）を渦動粘度 (eddy kinematic viscosity) という．式 (6.16) と式 (6.17) を比較すると，渦動粘度 ε は，乱流における動粘度 ν_t に対応していることがわかる．

渦運動が抑制される固体境界面近傍を除いた乱流場では，渦動粘度 ε は，流体の動粘度 ν よりはるかに大きい値を示し，$\varepsilon \gg \nu$ となる．

[†] Joseph Valentin Boussinesq，1842〜1929 年．フランスの数学者・物理学者．

（2）　速度変動とレイノルズ応力の関係

　乱流における速度変動とレイノルズ応力の関係について考えよう.

　図 6.7 に示すように，平面壁に沿う，流れに垂直方向の平均速度勾配 $d\bar{u}/dy$ をもつ，二次元せん断乱流を考える. 壁面に沿って x 軸，垂直に y 軸をとり，x 方向の速度成分を u，y 方向の速度成分を v とする.

　乱流では，流体粒子は不規則に変動しながら流れるから，図 6.8 に例示するように，流れ場の任意の点の速度は時間的に変動する.

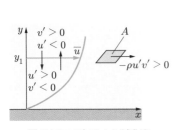

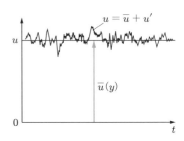

図 6.7 ■ 二次元せん断乱流　　　　図 6.8 ■ x 方向の速度成分 u の時間的変化

　いま，任意の 1 点での x 方向の速度成分を u とすると，u は，

$$u = \bar{u} + u' \tag{6.18}$$

と表すことができる. ここで，$\bar{u}$ は速度 u の時間的平均値

$$\bar{u} = \frac{1}{T} \int_0^T u\, dt \tag{6.19}$$

であり，時間 T は十分に長い時間，すなわち平均値 $\bar{u}$ が時間に無関係となるような時間とする. u' は時間的平均値 $\bar{u}$ まわりの速度の変動成分であり，時間平均をとるとゼロである. すなわち，

$$\frac{1}{T} \int_0^T u'\, dt = 0 \tag{6.20}$$

となる. 同様に，速度の y 方向成分は，一般には，

$$v = \bar{v} + v' \tag{6.21}$$

で表されるが，図 6.7 に示す二次元せん断乱流では，$\bar{v} = 0$ であるので，

$$v = v' \tag{6.22}$$

となる．なお，流体中の圧力 p は次式となる．

$$p = \bar{p} + p' \tag{6.23}$$

さて，図 6.7 に示すように，流れのなかの任意の位置 y_1 に，x 軸に平行な単位面積 A を考えると，流れの乱れによる y 方向の速度成分 v' により，この面を通して単位時間に y 方向に流れる流体の質量は $\rho v'$ となる．この質量をもつ流体は，x 方向に速度 u で移動するので，この流体の x 方向の運動量は，$\rho v' u$ だけ変化したことになる．したがって，運動量の単位時間あたりの変化は作用する力に等しいという運動量の法則より，単位面積の平面上に x 方向の力，すなわちせん断応力が発生または作用する．ここに，せん断応力 $\rho v' u$ の時間的平均値をとると，

$$\overline{\rho v' u} = \overline{\rho v'(\bar{u} + u')} = \overline{\rho u' v'} \tag{6.24}$$

となる．ここで，u'，v' の符号について考える．乱れ運動により，流体粒子が上方に移動するときには $v' > 0$ で，遅い速度をもった流体粒子がより速い速度の層に入るので，結果として負の速度変動 $u' < 0$ が生じることになる．同様に，下方に移動する流体粒子は $v' < 0$ で，速い速度をもった流体粒子が遅い速度の層に入るので，正の速度変動 $u' > 0$ が生じることになる．よって，u'，v' の符号は正負逆になり，$u'v'$ は負になる．このことを考慮すると，流体粒子の乱れ運動によるせん断応力 τ_R は，次式となる．

$$\tau_R = -\rho \overline{u' v'} \tag{6.25}$$

この式 (6.25) で表される τ_R を，レイノルズ応力といい，式 (6.25) は乱流の速度変動とレイノルズ応力の関係を表している．

（3）レイノルズ応力と平均速度勾配の関係

式 (6.25) で，乱流の速度変動とレイノルズ応力の関連について述べたが，ここではさらに考えを進めて，乱流の速度変動と平均速度の勾配との関連について，プラントル[†]の提案した考えに従って述べる．

プラントルは，気体分子の不規則な運動と，乱流にみられる流体粒子の不規則な運動には類似性があると考え，混合距離の概念を導入した．混合距離 (mixing length) は，流体粒子が隣接の流体粒子と混合して，混合するまえにもっていた特性を失ってしまう

---

† Ludwig Prandtl, 1875～1953 年．ドイツの物理学者・流体力学者．

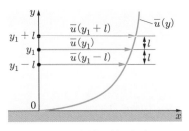

図 6.9 ■ 混合距離の概念

までの距離 l で定義される．図 6.9 に示すように，$y = y_1 - l$ の層にあった流体粒子が，x 方向の速度を保ったまま y 方向に l だけ移動すれば，y_1 の位置で，$\overline{u}(y_1) - \overline{u}(y_1 - l)$ の速度変動が生じることになる．その大きさを u_1' とすれば，この場合の速度変動は負の値をもつから，

$$-u_1' = \overline{u}(y_1) - \overline{u}(y_1 - l) \cong l\left(\frac{d\overline{u}}{dy}\right)_1 \tag{6.26}$$

と表される．同様に，$y = y_1 + l$ の層の流体粒子が y_1 の層に移った場合を考えると，y_1 の位置での速度変動は正の値となり，その大きさ u_2' は，

$$u_2' = \overline{u}(y_1 + l) - \overline{u}(y_1) \cong l\left(\frac{d\overline{u}}{dy}\right)_1 \tag{6.27}$$

となる．よって，$|u_1'|$ と $|u_2'|$ の平均値 $\overline{|u'|}$ は次式のように表される．

$$\overline{|u'|} = \frac{1}{2}(|u_1'| + |u_2'|) = l\left|\left(\frac{d\overline{u}}{dy}\right)_1\right| \tag{6.28}$$

図 6.10 (a) に示すように，下の層からきた流体粒子が，上の層からきた流体粒子より早く y_1 の層に到達する（流体粒子の前方にくる）と，二つの流体粒子は互いに接近し，その間に挟まれた流体粒子は上下に押し出される．

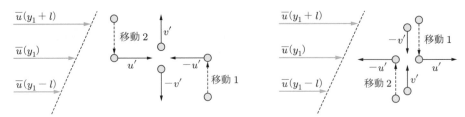

（ a ）流体粒子が接近する場合 　　　　（ b ）流体粒子が遠ざかる場合

図 6.10 ■ 流体粒子の移動と速度変動成分 u', v'

逆に，図 6.10（b）に示すように，下の層からきた流体粒子が，上の層からきた粒子より y_1 の層に遅く到達する（流体粒子の後方にくる）と，二つの流体粒子は遠ざかり，その間に流体粒子は吸い込まれる．これらのことより，v' と u' は同程度の大きさであると考えられ，

$$\overline{[v']} \approx \overline{[u']} = l\left|\frac{d\overline{u}}{dy}\right| \tag{6.29}$$

となる．前述したように，u' と v' の正負の符号は逆になり，$u'v' < 0$ となるので，

$$\overline{u'v'} \propto -\overline{u'}\,\overline{v'} \propto -l^2\left(\frac{d\overline{u}}{dy}\right)^2 \tag{6.30}$$

と表される．ここで，式 (6.30) までに出てきた長さ l を，比例定数を含めた長さに書き換えると，式 (6.29) と式 (6.30) より，

$$\tau_R = -\rho\overline{u'v'} = \rho l^2\left|\frac{d\overline{u}}{dy}\right|\frac{d\overline{u}}{dy} \tag{6.31}$$

と表すことができる．なお，式 (6.31) で，τ_R と $d\overline{u}/dy$ は同符号であることを考慮し，

$$\left(\frac{d\overline{u}}{dy}\right)^2 = \left|\frac{d\overline{u}}{dy}\right|\frac{d\overline{u}}{dy} \tag{6.32}$$

と表している．

式 (6.31) は，乱れ運動によるせん断応力であるレイノルズ応力と平均速度の勾配を，混合距離 l を介して結びつける式である．以上で述べた考え方を，プラントルの混合長理論 (Prandtl's mixing length theory)，または運動量輸送理論 (momentum transfer theory) という．

式 (6.31) の導出過程で明らかなように，混合距離 l は流れる流体の物性値ではないため，流体粒子の運動の状態（乱れの程度）や流体粒子の場所によって異なる．たとえば，図 6.11 に示すように，流路内の流れを考えると，l は流路の中心部では流路の高さ B（あるいは直径 D）と同じオーダーの大きさで，$l \propto B$ である．

一方，壁面近くで，乱れ運動が抑制される領域では，l は壁からの距離 y に比例する程度で，$l \propto y$ となり，$y \to 0$ になるにつれて $l \to 0$ となる．よって，壁面にきわめて近い領域（層）では $\tau_R \fallingdotseq 0$ となり，この層を粘性底層 (viscous sublayer) という．

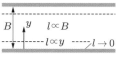

図 6.11 ■ 混合距離 l

　これまで述べてきた流れ場におけるせん断応力 τ についてまとめると，以下のように表すことができる．

　　• 流れが層流の場合

$$\tau = \underbrace{\mu\frac{d\bar{u}}{dy}}_{\substack{\text{流体の粘性（分子粘性）}\\\text{にもとづくせん断応力}}} \tag{6.33}$$

　　• 流れが乱流の場合

$$\tau = \underbrace{\mu\frac{d\bar{u}}{dy}}_{\substack{\text{流体の粘性（分子粘性）}\\\text{にもとづくせん断応力}}} + \underbrace{\rho l^2\left|\frac{d\bar{u}}{dy}\right|\frac{d\bar{u}}{dy}}_{\substack{\text{乱れ運動にもと}\\\text{づくせん断応力}}} \tag{6.34}$$

　なお，式 (6.34) を用いて乱流場を解析する場合，未知の長さ l を流れ場と関係づける必要がある．

6.5　円管内の流れと圧力損失

　日常生活を送るうえで重要なライフラインの一つに，上・下水道やガス配管系がある．また，各種の工場・プラント・機械類には多くの管路が使用されている．このような管路に流体を流すためには，管路内の流れの構造と管路の一定長さでどの程度の圧力降下や圧力損失があるかを理解し，予測することが重要である．

　ここでは，管路内や流体機械内などの固体境界で囲まれた内部の流れ，いわゆる内部流れ (internal flow) のなかで最も基本的な流れである円管内の粘性流れをとりあげ，流れの基本的な構造と，圧力損失の発生メカニズムに関する基礎概念について述べよう．

■6.5.1　円管内の流れ

　図 6.12 に，大きな液体タンクに接続された水平円管内を流れる液体（水）の流れ状態と構造を表す平均速度分布形状，および流体のもつエネルギーを表すエネルギー線図の模式図を示す．

　まず，平均速度分布形状の変化について調べてみる．円管断面内の平均速度分布形状は，円管の流入口近くの A の位置では平坦で，流れはほぼ一様であるが，流れが下流側にいくにつれて，流体の粘性によって生じる壁面近くの速度の遅い領域の境界

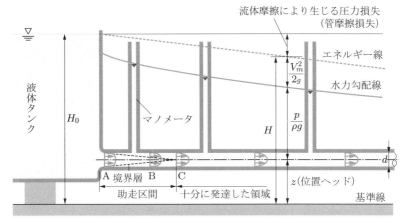

図 6.12 ▪ 液体タンクに接続された水平円管内の流れ

層 (boundary layer) が発達し，円管中心部の流速が平坦な領域が狭まっていく．やが
て B の位置に示すように，速度分布形状は円管壁近くの境界層内の速度分布と中心部
の一様流の速度分布が組み合わさった形状となる．さらに，下流側の位置で，円管の
壁面に沿って発達してきた境界層は中心部で合体し，C の位置で示すような速度分布
形状となる．この C の位置より下流の流れは管路全領域で，粘性せん断流れ (viscous
shear flow) となり，下流側の流れの速度分布形状は，管軸方向には変わらず，一定と
なる．

　円管の入口近くの A〜C 間における，円管の中心部の境界層を除いた領域，すなわ
ち平坦な速度分布を示す領域は，流体の粘性の影響が現れず非粘性流れとして扱える
が，この領域は，A から B へと下流にいくにつれて狭まり，C の位置ではなくなる．

　円管内流れの速度分布形状が，管径方向および管軸方向に変化する領域（A〜C の
区間）を助走区間 (inlet region) といい，管径方向には変化するが管軸方向には変
化しない領域（C の位置より下流側の領域）を十分に発達した領域または発達領域
(fully developed region) という．また，この領域内の流れを十分に発達した流れ (fully
developed flow) または発達流れという．なお，十分に発達した流れの速度分布形状は，
図 6.13 に示すように，流れが層流の場合には放物線形状となり，流れが乱流の場合に
は円管の中心部で半径方向の変化が小さい速度分布形状になる．

　つぎに，円管内を流れる流体のもつエネルギーの変化について調べてみる．図 6.12
に示すように，円管壁に設けた液柱マノメータ（たとえば，ガラス管）の水柱高さを
結んだ線を実線で示す．この線は，流れの圧力ヘッド $p/\rho g$ と基準線から測った位置

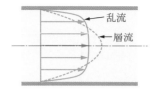

図 6.13 ■ 円管内の速度分布の形状

ヘッド z の和を表しており，この線を水力勾配線 (hydraulic grade line) という．水力勾配線に流れの速度ヘッド $V_m{}^2/2g$ を加えると，図中の破線，すなわち，流れている流体のもっている全エネルギー $(= V_m{}^2/2g + p/(\rho g) + z)$ を表す線が描かれる．この線をエネルギー線 (energy line) という．

■6.5.2　圧力損失の発生メカニズム

図 6.12 に破線で示した，流れている流体のもつ全エネルギーは，流体が円管内を流れて下流にいくにつれて減少する．このエネルギーの減少は，前節で述べたように，層流の場合には，流体の粘性（分子粘性）によるせん断応力が，乱流の場合には，流体の粘性と乱れ運動によるせん断応力が原因で発生する．すなわち，

- 層流の場合

$$\tau = \mu \frac{d\overline{u}}{dy} \tag{6.35}$$

- 乱流の場合

$$\tau = \mu \frac{d\overline{u}}{dy} + \rho l^2 \left| \frac{d\overline{u}}{dy} \right| \frac{d\overline{u}}{dy} \tag{6.36}$$

で示されるせん断応力が原因で，流体のエネルギーの減少が発生する．このエネルギーの減少分は，最終的には熱エネルギーに変わり失われる．その結果，流れている流体の場合，このエネルギーの減少分は，流れの圧力が減少するという形で現れる．

つぎに，この圧力減少について，図 6.12 の破線で示すエネルギー線をもとに，さらに考える．

流れている流体のもつ全エネルギーの減少の内容，および内訳の理解を容易にするために，十分に発達した領域，すなわち平均速度分布形状が流れ方向に変化しない領域の流体のもつエネルギーの減少・降下に注目する．十分に発達した領域では，流体のもつ速度ヘッドおよび位置ヘッドは流れ方向の各位置で一定で変わらず，圧力ヘッドが流れとともに減少する．この圧力ヘッドの減少を，圧力降下あるいは圧力損失 (pressure loss) という．

　なお，管内の流れの圧力損失は，上述したせん断応力が原因で発生するが，視点あるいは表現を変えれば，流体を構成する流体粒子の間，あるいは流体粒子と固体壁との間の流体摩擦 (fluid friction) により生じるので，管摩擦損失 (pipe friction loss) ともいう．

　円管内の流れの圧力損失の傾向は，6.3 節で述べたように，流れが層流であるか乱流であるかによって変わる．すなわち，図 6.6 で示したように，圧力損失 Δp は，層流の場合には平均速度 $\overline{V}$ に比例し ($\Delta p \propto \overline{V}$)，乱流の場合には $\overline{V}^{1.7 \sim 2.0}$ に比例して ($\Delta p \propto \overline{V}^{1.7 \sim 2.0}$) 発生する．

　なお，各種管路内の流れの構造と圧力損失などについては，第 7 章で詳しく述べる．

6.6 　一様流中に置かれた物体まわりの流れと流体力

　前節では，内部流れの代表である円管流れの基本的な流れ構造と，圧力損失の基礎について述べた．本節では，広い空間内の流れのなかに置かれた物体まわりの流れ，いわゆる外部流れ (external flow) の構造と，物体に作用する流体力の基礎について述べよう．

　外部流れは，さまざまな工学・産業，日常生活・スポーツ・生物のまわりの流れなどでみることができる．たとえば，表 1.1 に示したように，

- 静止空気中を移動する自動車・列車・飛行機・ロケットなどの輸送機まわりの流れ
- 空気中を飛ぶ野球やゴルフのボールまわりの流れ
- ビルディング・橋・塔などの建築構造物まわりの流れ

などがある．これらの広い空間内を移動する物体まわりの流れの構造や特性を理解・予測することは，工学的に重要である．

▪6.6.1　一様流中に置かれた物体まわりの流れ

　内部流れの場合と同様に，外部流れの場合においても，流れの構造や特徴を規定する重要なパラメータは，流れの慣性力と粘性力の比であるレイノルズ数である．速度 U の一様流中に置かれた代表長さ L の物体に対する流れのレイノルズ数 Re は，

$$Re = \frac{慣性力}{粘性力} = \frac{\rho U L}{\mu} = \frac{U L}{\nu} \tag{6.37}$$

と表される．物体の代表長さ L は，通常，球や円柱の場合には直径を，翼の場合には翼弦（翼の先端と後端の間の長さ）をとる．ここで，ρ は流体の密度，μ は流体の粘度，$\nu\ (= \mu/\rho)$ は動粘度である．

　さて，レイノルズ数によって，一様流中に置かれた物体まわりの流れはどのように変わるのか，平板まわりの流れを例に述べる．

（1）　レイノルズ数が小さい場合

　図 6.14 (a) に示すように，レイノルズ数 Re が小さい場合（Re が約 1000 以下の場合）には，粘性の影響 (viscous effect) は，平板の前方と平板の両サイド（y 方向）の広い範囲に及ぶ．粘性の影響とは，具体的には，

① 流体の粘性により，静止している物体の表面上での流体粒子の速度がゼロになること，すなわち，滑りなし条件 (no-slip condition) を満たすこと

② 流体の粘性により，物体の近傍で流体粒子の速度は減少し，流れに垂直方向の速度勾配 du/dy が生じること

である．粘性の影響が現れる流れを粘性流れ (viscous flow) という．粘性流れの外側の粘性の影響が現れない領域の流れを非粘性流れ (inviscid flow) といい，この領域での速度は主流と同じで U である．図に示すように，粘性流れのなかでの流体の速度 $u(y)$

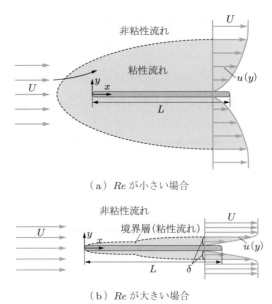

（a）Re が小さい場合

（b）Re が大きい場合

図 6.14 ■一様流中に置かれた平板まわりの流れの概略図（レイノルズ数 $Re = \rho UL/\mu$）

は，粘性流れの外縁の速度 U から平板表面上の速度ゼロまで減速する．

なお，Re が小さい流れは，Re の定義式 (6.37) からわかるように，つぎの場合に現れる．

 ① 流体の粘度 μ が非常に高い場合

 ② 一様流の速度 U が非常に低い場合

 ③ 物体のサイズ L が非常に小さい場合

このことより，水中や空気中で活動している小さいサイズの生物にとっては，水や空気は，非常にねばねばした流体であるといえる．

（2）　レイノルズ数が大きい場合

本節のはじめで述べた輸送機・建築構造物・野球のボールまわりの流れや，空中や水中で活動している鳥や魚のまわりの流れのレイノルズ数 Re は，通常，非常に大きく $Re > 10^3 \sim 10^6$ 程度である．

Re が大きい場合の一様流中に置かれた物体まわりの流れの一例として，図 6.14 (b) に平板まわりの流れの概略図を示す．この図に示すように，平板上に発達する粘性層 (viscous layer) である境界層の厚さは非常に薄くなる．境界層内の速度 $u(y)$ が主流の速度 U の 99%，すなわち $u(y) \cong 0.99U$ になる高さ y を，便宜上，境界層厚さ (boundary layer thickness) δ というが，通常，$\delta \ll L$ となる（図では境界層厚さ δ は拡大して描いている）．境界層の外側の流れは，粘性の影響が現れない非粘性流れである．

境界層内の速度は，図 6.14 (b) に示すように，平板上の速度ゼロ（滑りなしの条件を満たす）から境界層の外側の速度 U に，非常に薄い境界層内で急激に変化する．このことより，境界層内では非常に大きい速度勾配が生じ，粘性により，非常に強い接線力，すなわちせん断応力が発生する．

境界層に接する外側の流れは，境界層内のせん断応力を介して，平板（物体）を流れ方向に押し流そうとする力，すなわち抗力 (drag) を発生させる．流れのなかで平板を静止させるためには，この抗力と逆向きの力を平板に加える必要がある．相対的には同じであるが，静止流体中を平板が速度 U で運動する場合には，平板の運動の向きと逆向きの抗力が流体から物体にかかる．この抗力は，上述したように，流体の粘性の影響により発生するので，摩擦抗力 (friction drag) という．

なお，流れに平行に置かれた薄い平板の場合には，境界層の厚さは非常に薄く，境界層の外側の非粘性流れの流線形状は平板に沿ってほとんど変化せず，平板上流の一様流の流線形状とほとんど同じである．このことより，平板上の圧力は，どの位置に

おいても一様流の圧力とほぼ同じになり，物体に作用する圧力による抵抗はゼロとなる．この圧力による抵抗を圧力抗力 (pressure drag) という．球や円柱のような鈍頭物体の場合には，物体の前部と後部における境界層の外側の非粘性流れの流線形状や速度が異なり，その結果，物体表面の圧力は各位置で異なり，圧力抗力が発生する．

■6.6.2　一様流中に置かれた物体にはたらく流体力（抗力と揚力）

前項では，一様流中に，一様流と平行に置かれた薄い平板まわりの流れの構造と抗力の基礎について述べた．ここでは，より一般的な，一様流中に置かれた流線形物体まわりの流れと，流体がこの物体に及ぼす力，すなわち流体力の基礎概念について述べる．

図 6.15 に示すように，速度 U の一様流中に置かれた流線形物体に流れが及ぼす力について考える．この力は，微視的にみると，物体表面上の各微小部分に直接接触する流体によってもたらされ，物体表面の各微小面積に接する流体が，圧力 p と，流体の粘性による摩擦応力 τ_w を及ぼしていると考えることができる．なお，この摩擦応力 τ_w を壁面せん断応力ともいう．

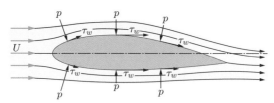

図 6.15 ■ 流れのなかに置かれた流線形物体表面にはたらく圧力 p と摩擦応力 τ_w

図 6.16 に示すように，物体表面上の任意の位置における微小面積を dS とすると，この面に作用する流体の圧力 p による力は $p\,dS$，および摩擦応力 τ_w による摩擦力は $\tau_w\,dS$ となる．

注目している微小面積 dS と主流方向とのなす角度を θ とすると，これらの力の主流方向の x 方向成分は，それぞれ $p\,dS\sin\theta$，$\tau_w\,dS\cos\theta$ となる．よって，これらの力

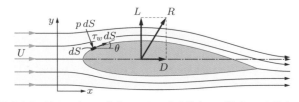

図 6.16 ■ 流れのなかの物体にはたらく流体力 R（抗力 D と揚力 L）

を物体の全表面積にわたって積分すると,

$$D_p = \int_S p \sin\theta \, dS \tag{6.38}$$

$$D_f = \int_S \tau_w \cos\theta \, dS \tag{6.39}$$

となる. 上式から求められる D_p は圧力抗力, D_f は摩擦抗力である.

なお, 圧力抗力は, 物体の形状や姿勢の影響を強く受けるので, 形状抗力 (form drag) ともよばれる. 圧力抗力と摩擦抗力を足し合わせた力が, 物体に作用する全抗力 (total drag) D となり,

$$D = D_p + D_f = \int_S p \sin\theta \, dS + \int_S \tau_w \cos\theta \, dS \tag{6.40}$$

と表される.

つぎに, 流体中の物体にはたらく力の, 主流に垂直な y 方向成分, いわゆる揚力 (lift) を求めてみる. 微小面積 dS に作用する圧力による力と摩擦力の流れに垂直方向の成分は, y 軸の向きの上向きを正とすると, それぞれ $-p \, dS \cos\theta$, $\tau_w \, dS \sin\theta$ となる. これらを, 物体の全表面積にわたって積分すると, 揚力 L は

$$L = -\int_S p \cos\theta \, dS + \int_S \tau_w \sin\theta \, dS \tag{6.41}$$

となる.

翼などの流線形物体のように, 揚力を発生させる物体の場合には, 通常, 式 (6.41) の第2項の摩擦力による揚力は, 第1項の圧力による揚力に比べて小さく, 無視できる. そのため, 流れのなかに置かれた流線形物体にはたらく揚力 L は

$$L = -\int_S p \cos\theta \, dS \tag{6.42}$$

と表される.

なお, 図6.16に示すように, 物体に作用する揚力 L と全抗力 D の和を全合力 (resultant force) R といい, この全合力の大きさは次式となる.

$$R = \sqrt{L^2 + D^2} \tag{6.43}$$

演習問題

6.1　5°C のときの水と空気の密度は，それぞれ 1000 kg/m³, 1.270 kg/m³, 粘度はそれぞれ 1.519 × 10⁻³ Pa·s, 1.734 × 10⁻⁵ Pa·s である．このときの水と空気の動粘度を求めよ．

6.2　直径 15 mm の円管を用いて，15°C の水（動粘度 $1.1 × 10^{-6}$ m²/s）を平均流速 $\overline{V} =$ 0.2 m/s で流して流れのようすを観察した．このときのレイノルズ数を求めよ．また，同じ円管に 15°C の空気（動粘度 $1.0 × 10^{-5}$ m²/s）を流し，水の場合の流れと相似な流れを発生させ，流れのようすを観察したい．このときの空気の平均流速を求めよ．

6.3　空気中を時速 140 km で運動している直径 8.0 cm の球まわりの流れを，水槽中で直径 4.0 cm の球を使って調べたい．水槽中の球の移動速度をいくらに設定すればよいか．ただし，空気と水の動粘度をそれぞれ $1.5 × 10^{-5}$, $1.0 × 10^{-6}$ m²/s とする．

6.4　図 6.16 に示すように，一様な空気流中に置かれたある物体に作用する流体力（全合力）を測定したところ 40 N であり，流体力の方向は一様流の方向と角度 30° をなしていた．このときの揚力 L と抗力 D を求めよ．

第7章 管路内の流れ

第 7 章

　各種工場，商業施設，および一般家庭において，上・下水道やガス配管，空調用ダクトや散水ホースなど，多種多様な管やダクトが広く使用されている．日常的には，たとえば，細く長いストローよりも太く短いストローのほうがドリンク類は飲みやすいことを実感しているであろう．これには流量や管摩擦が関与している．本章では，6.5 節で述べた管路内粘性流れの基礎概念のもと，より詳しい管路内の流れ挙動や圧力損失の計算方法などについて述べる．

　最初に，管路のなかで最も基本的で重要である，まっすぐな円管をとりあげ，円管内を流れる流れの性質（層流や乱流），および内壁の微小な凹凸（粗さ）の影響について述べる．

　つぎに，円管の断面積や流れの方向が変化する場合における，流れの現象について述べる．具体的には，拡大管や収縮管，および曲がり管路内の流れの特徴について説明する．さらに，管の断面形状が円形でない管に対するとり扱い方について述べる．

　最後に，複数の管が組み合わされた配管システムの考え方についてふれる．

7.1　円管内の層流

　ここでは，前章の図 6.12 で概要を述べた流れ（水平に置かれたまっすぐな円管内を流れる，十分に発達した，定常の層流）を理論的に考察する．まっすぐな円管内の流れは管の中心軸に関して対称の流れ（軸対称流れ）であるので，流れを解析する座標として，管軸方向を x，半径方向を r とする円筒座標系を採用する．

　図 7.1 に示すように，円管内の流れのなかに，半径 r，長さ L の小さな流体円柱を考え，この流体円柱に作用する力の釣り合いについて考える．流れは定常流れであるので，流体の流れ方向の速度は一定で，流体円柱の加速度はゼロである．よって，流体円柱の運動を考える際，慣性力（質量 × 加速度）は考慮に入れる必要がない．流体円柱の左側端面における圧力を p_1，右側端面における圧力を p_2 とすると，p_1 と p_2 の

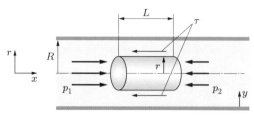

図 7.1 ■円管内の仮想流体円柱に対する力の釣り合い

圧力差 $(p_1 - p_2)$ により，$\pi r^2 (p_1 - p_2)$ の力が流体円柱を左側から右側に押す力として作用する.

　つぎに，流体円柱の側面にはたらく流体の粘性による接線力について考える. 一般に，粘性流体が円管内を流れる場合，流体のもつ粘性により，管壁上では流れの速度はゼロとなり，管壁から離れ，管中心に向かうにつれて速度は増加する. すなわち，円管内流れは，半径方向（r 方向）に速度勾配をもった流れとなる. この場合，流れをさまたげようとする力あるいは流体を引きずり動かそうとする力が，速度の違う流体層（図 7.1 の流体円柱の側面を形成する薄い層）の間で発生する. この流体層間に発生する粘性による単位面積あたりの接線力は，せん断応力である. このせん断応力を τ とすると，考えている流体円柱の側面（面積 $2\pi rL$）には，せん断応力による力 $2\pi rL\tau$ が流れと反対向きに作用する.

　以上の考察により，ここで考えている流体円柱の運動では，流体円柱端面に作用する圧力による流体円柱を押す力と，流体円柱の側面に作用するせん断応力による接線力（流れの向きと反対向き）は釣り合う. よって，

$$\pi r^2 (p_1 - p_2) = 2\pi rL\tau \tag{7.1}$$

が得られる. 式 (7.1) を書きなおすと，次式となる.

$$\tau = \frac{r}{2} \frac{p_1 - p_2}{L} \tag{7.2}$$

　つぎに，式 (7.2) を微分形で表現する. すなわち，流体円柱の長さ L を微小長さ dx とし，微小流体円柱で考える. この場合，微小流体円柱の左側端面に作用する圧力 p_1 を $p_1 = p$ とすると，微小距離 dx だけ離れた右側端面に作用する圧力 p_2 は，変化分 dp を加えて，$p_2 = p + (dp/dx)\, dx$ と表せる. この圧力表記を式 (7.2) に代入すると，

$$\tau = -\frac{r}{2} \frac{dp}{dx} \tag{7.3}$$

が得られる．式 (7.3) より，管壁における壁面せん断応力 τ_w は，微小流体円柱の半径 r が円管内半径 R と一致する位置のせん断応力であるから，

$$\tau_w = -\frac{R}{2}\frac{dp}{dx} \tag{7.4}$$

となる（dp/dx が負の場合，τ_w は正となる）．なお，この関係式は，十分に発達した流れであれば，層流に限らず，乱流の場合にも成り立つ．

流体がニュートン流体で層流の場合，式 (1.19) で述べたように，せん断応力 τ はニュートンの粘性の法則により，$\tau = \mu(du/dy)$ と記述される．ここで，y は壁面からの距離，μ は流体の粘度である．y と r の間には，$y = R - r$ の関係があるので，この関係式を用いると，ニュートンの粘性の法則は，

$$\tau = -\mu\frac{du}{dr} \tag{7.5}$$

と書ける．式 (7.3) と式 (7.5) より，

$$\frac{du}{dr} = \frac{1}{2\mu}\frac{dp}{dx}r \tag{7.6}$$

が得られる．ここで，円管内の流体の圧力 p は，r 方向に一定で，x 方向に変化する（$p = p(x)$ と表現される）．すなわち，圧力勾配 dp/dx は r の関数ではない．このことを考慮して，式 (7.6) を r に関して積分すると，

$$u = \frac{1}{2\mu}\frac{dp}{dx}\int r\,dr = \frac{r^2}{4\mu}\frac{dp}{dx} + C \tag{7.7}$$

となる．ここで，積分定数 C は，円管の内壁上の境界条件，すなわち，$r = R$ において $u = 0$（滑りなしの条件）より求められ，

$$C = -\frac{1}{4\mu}\frac{dp}{dx}R^2 \tag{7.8}$$

となる．これを式 (7.7) に代入すると，流速 u は次式のように求められる．

$$u = -\frac{R^2 - r^2}{4\mu}\frac{dp}{dx} \tag{7.9}$$

式 (7.9) の右辺の負号 $(-)$ は，$dp/dx < 0$，すなわち下流に向かって圧力が減少する場合，$u > 0$ となることを意味する．式 (7.9) より，流速 u は半径 r の関数であること，速度分布は回転放物面となること，流速は管の中心で最大値 $u_{\max}$ をとることがわかる．なお，$u_{\max}$ は，$r = 0$ とおいて次式となる．

$$u_{\max} = -\frac{R^2}{4\mu}\frac{dp}{dx} \tag{7.10}$$

　ここで，円管内の円環状の微小な面積（周長 $2\pi r \times$ 幅 dr）を，単位時間に通過する流速 u の流体の体積，すなわち $u \times 2\pi r\, dr$ を管の中心から管壁まで積分すると，円管のある断面を単位時間に流れる流体の体積（流量 (flow rate) という）Q が，次式のように求められる．

$$Q = \int_0^R u \times 2\pi r\, dr = -\frac{\pi R^4}{8\mu}\frac{dp}{dx} \tag{7.11}$$

　式 (7.11) において，微小長さ dx の圧力の勾配 $(-dp/dx)$ が，長さ L の間の圧力降下 $\Delta p\ (=p_1-p_2)$ と等しい，すなわち，流れ方向に圧力降下が一定である，とすると，

$$Q = \frac{\pi R^4}{8\mu}\frac{\Delta p}{L} \tag{7.12}$$

が得られる．式 (7.12) は，流量 Q は円管の半径 R（または直径）の 4 乗と圧力勾配 $\Delta p/L$ に比例し，流体の粘度 μ に反比例することを示している．この関係式 (7.12) が成り立つ流れをハーゲン・ポアズイユの流れ (Hagen-Poiseuille flow) という．

　式 (7.11) を管の断面積 $A\ (=\pi R^2)$ で割れば，平均流速 (mean velocity) u_m が求められる．

$$u_\mathrm{m} = \frac{Q}{A} = \frac{-\dfrac{\pi R^4}{8\mu}\dfrac{dp}{dx}}{\pi R^2} = -\frac{R^2}{8\mu}\frac{dp}{dx} \tag{7.13}$$

　ここで，式 (7.10) と式 (7.13) の比をとると，

$$\frac{u_\mathrm{max}}{u_\mathrm{m}} = \frac{-\dfrac{R^2}{4\mu}\dfrac{dp}{dx}}{-\dfrac{R^2}{8\mu}\dfrac{dp}{dx}} = 2 \tag{7.14}$$

となる．すなわち，層流の場合，最大流速 u_max は平均流速 u_m の 2 倍となる．なお，乱流の場合，流速は図 7.2 の実線で示すようになり，その比 $u_\mathrm{max}/u_\mathrm{m}$ は 2 よりも小さくなる．また，$u_\mathrm{max}/u_\mathrm{m} = 1$ となる流れを一様流という．

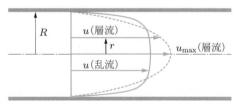

図 7.2 ■円管内の流度分布の形状

6.3 節で述べたように，円管の定常流れでは，一般にレイノルズ数 $Re \fallingdotseq 2300$ を境として，その値よりも小さな値で層流となり，大きな値で乱流となる．

例題 7.1

内径（直径）20 mm，長さ 10 m の円管に水（密度 $1000\,\mathrm{kg/m^3}$，動粘度 $1\,\mathrm{mm^2/s}$）が流れている．円管の両端の圧力差が 80 Pa であるとき，平均流速，最大流速，レイノルズ数，流量，および管内面上の壁面せん断応力を求めよ．

解答

平均流速 u_m は，式 (7.13) より，

$$u_\mathrm{m} = -\frac{R^2}{8\mu}\frac{dp}{dx} = \frac{\left(\frac{d}{2}\right)^2}{8 \times (\rho\nu)}\frac{\Delta p}{L} = \frac{\left(\frac{0.020}{2}\right)^2}{8 \times (1000 \times 1 \times 10^{-6})} \times \frac{80}{10}$$
$$= 0.1\,\mathrm{m/s}$$

となる．レイノルズ数 Re を計算すると，

$$Re = \frac{du_\mathrm{m}}{\nu} = 0.020 \times \frac{0.1}{1 \times 10^{-6}} = 2000 \quad (< 2300)$$

となり，流れは層流である．最大流速は，式 (7.14) より，

$$u_\mathrm{max} = 2u_\mathrm{m} = 2 \times 0.1 = 0.2\,\mathrm{m/s}$$

となる．流量 Q は，式 (7.12) より，

$$Q = \frac{\pi R^4}{8\mu}\frac{\Delta p}{L} = \frac{\pi \times 0.010^4}{8 \times 0.001} \times \frac{80}{10} = 3.14 \times 10^{-5}\,\mathrm{m^3/s}$$

となる．管の内壁上の壁面せん断応力 τ_w は，式 (7.4) より，つぎのようになる．

$$\tau_w = -\frac{R}{2}\frac{dp}{dx} = \frac{R}{2}\frac{\Delta p}{L} = \frac{0.010}{2} \times \frac{80}{10} = 0.04\,\mathrm{Pa}$$

図 7.3 は，6.3 節の図 6.4 と図 6.5 で述べたレイノルズの行った実験と同様に，円管内の流れに染料（インク）を注入して可視化した実験結果の画像である．

上段 ($Re < 2300$) ではインクの流れは一筋であり（層流），中段 ($Re \fallingdotseq 2300$) では流れが乱れ始め（遷移域），下段 ($Re > 2300$) では流れの乱れのためにインクが混合している（乱流）ことがわかる．なお，流れ場を十分に静めて慎重に実験を行うと，レイノルズ数が増加しても層流を保ち続けて，臨界レイノルズ数 Re_c は大きくなる．

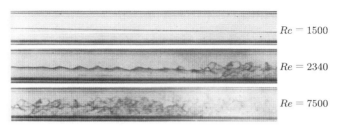

$Re = 1500$

$Re = 2340$

$Re = 7500$

図 7.3■円管内の層流と乱流
（日本機械学会，流れ─写真集，p.19，図 32，丸善，1984）

7.2 管摩擦損失

まっすぐな円管（直管）のなかを流体が流れるときには，代表的な損失として，円管の内壁面における流体の粘性にもとづく損失，および流線が壁面から離れることにもとづく損失を考える必要がある．前者を管摩擦損失といい，後者をはく離損失という．曲がり管路においては，主流に対して直角方向の断面内の流れ（二次流れ，secondary flow）が生じて損失となる．二次流れについては，7.6 節で説明する．後者のはく離損失は，流路が急に拡大する部分などで生じる（図 7.4 参照）．

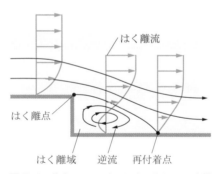

はく離流

はく離点

はく離域　逆流　再付着点

図 7.4■後方ステップにおける流れのはく離

はく離が生じている領域では，流れが循環して渦を形成している．すなわち，円管の内壁の近くでは，主流の方向と逆向きの流れとなっている．はく離している領域では，速い流れが遅い流れを引きずり，かつ加速し合いながら運動している．そのために，ここでエネルギーが失われることになる．はく離域の下流側では，しだいに逆流は消失し，流れは円管の内壁に付着して再び円管の内壁に沿う流れとなる．これを流れの再付着 (flow reattachment) という．

　まず，前者の管摩擦損失のみを考えるために，地面に水平に置かれた直管内を流体が流れる状態をとりあげる．この場合，流れの下流側に向かって圧力は徐々に低下する．この圧力の低下（圧力損失）あるいは全圧の差 Δp は，単位質量あたりの運動エネルギー（$= (1/2)\rho u^2$．ρ は流体密度，u は平均流速）に比例するとして表すことができる．

$$\Delta p \propto \frac{1}{2}\rho u^2 \tag{7.15}$$

　この圧力損失 Δp は，4.4.2 項で述べたように，次式のヘッドの形で表される．これを損失ヘッド (loss of head) h といい，長さ [m] の次元をもつ．

$$h = \frac{\Delta p}{\rho g} \tag{7.16}$$

ここで，$g \, (= 9.807\,\mathrm{m/s^2})$ は重力加速度である．

　円管内流れの場合，円管の直径 d と長さ L，平均流速 u，管摩擦係数 (pipe friction coefficient) λ（損失の係数）を用いて，損失ヘッド h は，つぎのダルシー・ワイスバッハの式 (Darcy-Weisbach's formula) で表される．

$$h = \lambda \frac{L}{d}\frac{u^2}{2g} \tag{7.17}$$

　ここで，管摩擦係数 λ について考える．ハーゲン・ポアズイユの式 (7.12) の左辺と右辺は，それぞれ，

$$Q = Au = \frac{\pi d^2}{4}u \tag{7.18}$$

$$\frac{\pi R^4}{8\mu}\frac{\Delta p}{L} = \frac{\pi d^4}{8 \times 16 \times \mu}\frac{\rho g h}{L} \tag{7.19}$$

となり，両式は等しいから，

$$\frac{\pi d^2}{4}u = \frac{\pi d^4}{8 \times 16 \times \mu}\frac{\rho g h}{L} \tag{7.20}$$

となる．式 (7.20) を式 (7.17) と見比べながら h について解くと，

$$h = \frac{32\mu L u}{\rho g d^2} = 64\frac{\mu}{\rho d u}\frac{L}{d}\frac{u^2}{2g} = \frac{64}{Re}\frac{L}{d}\frac{u^2}{2g} = \lambda \frac{L}{d}\frac{u^2}{2g} \tag{7.21}$$

となる．よって，層流の場合，管摩擦係数 λ はレイノルズ数 $Re \, (= du/\nu)$ のみの関数として $\lambda = 64/Re$ で表される．この関係式は，円管の内壁がなめらかであっても微小な凹凸があっても有効である．つまり，円管を流れる層流の管摩擦係数は，円管の内壁面の粗さ（微小な凹凸）にはよらない．

7.3　円管内の乱流

　低粘度の流体が高速で流れる場合，すなわち，レイノルズ数が大きくなると，ミクロ的に不規則な乱れが現れて乱流となる．円管内を流体が乱流状態で流れるときの速度分布は，図6.13と図7.2に示すように，回転放物面からやや一様流に近い扁平な曲線の回転面となる．

　乱流の管摩擦係数は，層流の場合とは異なり，理論的に容易には求められず，実験式（あるいは実験結果を理論に組み入れた式）で与えられる．また，乱流の管摩擦は円管の内壁面の粗さの影響を受けるようになる．粗さの影響を受けるか否かの判断は，円管の内壁面近くに形成される境界層（乱流境界層）のなかの粘性底層† (viscous sublayer) と円管の内壁面の粗さの大小（凹凸の平均高さ）との比較で行う．なお，粘性底層はきわめて薄い（図7.5参照．ただし，誇張して描いている．また，粘性底層と境界層の概略については6.4節と6.6節で述べた）．

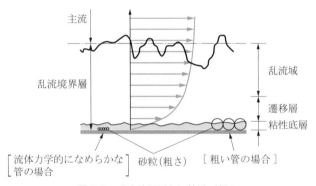

図7.5 ▪ 乱流境界層と円管壁面粗さ

▪7.3.1　なめらかな壁面をもつ円管の場合

　円管の壁面の粗さを無視した面，あるいは無視できるほどに小さいと仮定できる面を，流体力学的になめらかな面 (hydrodynamically smooth surface) という．なめらかな壁面の場合，粗さは粘性底層内に埋もれてしまうと考えてよいので，管摩擦係数の算出にはなめらかな内壁の円管に用いる式を適用できる．

　なめらかな内壁の円管を流れる乱流の管摩擦係数 λ は，つぎのブラジウスの式 (Blasius formula)（レイノルズ数 $Re = 3 \times 10^3 \sim 8 \times 10^4$ の範囲で有効）でよく与

---

† 円管の内壁がミクロ的な運動を抑制して層流に類似の流れとなる薄い層．6.4.2項を参照のこと．

えられる.

$$\lambda = \frac{0.3164}{Re^{1/4}} \tag{7.22}$$

ただし,ブラジウスの式の適用範囲よりも大きなレイノルズ数 Re の条件($Re = 10^5 \sim 3 \times 10^6$)に対しては,以下のニクラジェの式 (Nikuradse formula) が適する.

$$\lambda = 0.0032 + 0.221 Re^{-0.237} \tag{7.23}$$

これらの式 (7.22), (7.23) は,レイノルズ数 Re により適用範囲が異なるので,やや不便である.しかし,未知数 λ が左辺のみにあり(式が陽の形で表されている),Re が与えられると,λ が一意に定まるために利便性が高い.

一方,幅広いレイノルズ数の範囲を包括する式として,つぎのプラントル・カルマンの式 (Prandtl-Kármán formula) ($Re = 3 \times 10^3 \sim 3 \times 10^6$) がある.

$$\frac{1}{\sqrt{\lambda}} = 2.0 \log_{10}(Re\sqrt{\lambda}) - 0.8 \tag{7.24}$$

式 (7.24) は,未知数 λ が両辺にある(式が陰の形で表されている)ために 1 回の計算では λ が求められず,やや工夫を要する†.

さて,円管内の速度は,層流,乱流を問わず,管の内壁面ではゼロで,中心に向かうほど大きくなり,中心で最大値をもつ,回転面を形づくる分布となる.ただし,層流の場合と異なり,乱流の速度分布は理論的に求められず,実験結果にもとづいた経験式や半理論式で与えられる.なめらかな内壁の円管を流れる乱流に対しては,代表的な速度分布(時間で平均した流れの主方向の流速)$\overline{u}$ として,以下の二つの式(指数法則と対数法則)がある(ここで,速度について,層流とは異なり,時間平均値を採用する理由は,乱流ではミクロ的な乱れにより,流れの各点は刻々と変動しているためである).

指数法則 (power law) の速度分布は,次式で与えられる.

$$\frac{\overline{u}}{u_{\max}} = \left(\frac{y}{R}\right)^{1/n} \tag{7.25}$$

ここで,R は円管の内半径,$u_{\max}$ は(中心の)最大流速,y は円管内壁面からの距離,指数 n はレイノルズ数 Re の関数である.ニクラジェの実験より,$Re = 4 \times 10^3 \sim$

---

† λ は,つぎのような繰り返し計算を行えば求められる.まず,λ をムーディ線図やブラジウスの式あるいはニクラジェの式などを用いて仮に定める.この λ を式 (7.24) の右辺に代入して左辺の λ を計算する.その後,両辺の λ を比較して,差異があれば,計算後の左辺の λ を用いて,再度,計算を行う.この作業を繰り返し,両辺の λ がほぼ等しくなれば,その λ が解となる.

10^6 において $n = 6\sim9$ の値をとる．多くの場合，式 (7.25) の $n = 7$ に対応する次式の 1/7 乗の速度分布が用いられる（管摩擦係数にブラジウスの式を適用して導くことができる）．

$$\frac{\overline{u}}{u_{\max}} = \left(\frac{y}{R}\right)^{1/7} \tag{7.26}$$

式 (7.26) は，形が簡便に表現されているために使いやすい．しかし，本来は，円管中心で速度勾配がゼロになるべきところ，ゼロにならない点や，管壁で速度勾配が有限値になるべきところ，無限大となる点で，実際の流れ場との間に矛盾がある．

対数法則 (logarithmic law) の速度分布の式 (7.27) は，プラントルによって導かれ，円管の壁面から中心まで成り立つ速度分布であり，指数法則や 1/7 乗則に内在する上記の矛盾を含まない．

$$\frac{\overline{u}}{u_*} = 5.75 \log_{10}\left(\frac{u_* y}{\nu}\right) + 5.5 \tag{7.27}$$

ここで，$u_* \left(= (\tau_w/\rho)^{1/2}\right)$ は速度の次元をもつことから摩擦速度 (friction velocity) といわれるパラメータ，ν は流体の動粘度である．

つぎに，層流と乱流の速度分布の形状の違いをみるために，なめらかな内壁をもつ円管（内半径 R）に流体が流れている場合の管中心の流速（最大流速）$u_{\max}$ と半径 $r = R/2$（管中心と管壁との中間の位置）における流速 u との関係を考える．

層流の場合，最大速度 $u_{\max}$ に対する流速 u の比 $u/u_{\max}$ は，

$$\frac{u}{u_{\max}} = \frac{-\dfrac{(R^2 - r^2)}{4\mu}\dfrac{dp}{dx}}{-\dfrac{R^2}{4\mu}\dfrac{dp}{dx}} = 1 - \left(\frac{r}{R}\right)^2 = 1 - \left(\frac{1}{2}\right)^2 = 0.75 \tag{7.28}$$

となる．一方，乱流の場合，1/7 乗則にもとづくと，$\overline{u}/u_{\max}$ は，

$$\frac{\overline{u}}{u_{\max}} = \left(\frac{y}{R}\right)^{1/7} = \left(\frac{1}{2}\right)^{1/7} = 0.906 \tag{7.29}$$

となり，層流よりも大きい．つまり，層流に比べて乱流の速度分布は平坦になる．

■7.3.2　粗い壁面をもつ円管の場合

円管の内壁面の粗さ（微小凹凸の大きさ k_s）が粘性底層と同程度あるいはそれ以上の大きさである場合には，粗さが流れ場に影響を及ぼす．$u_* k_s/\nu$ で定義されるパラメータ（粗さレイノルズ数，roughness Reynolds number）の大きさにより，以下の式を使い分ける．

$5 < u_* k_s/\nu < 70$ の条件では，図 7.5 に示すように，粘性底層と乱流域に挟まれる中間層あるいは遷移層 (transition layer) とよばれる領域に，粗さが存在することになる．この場合は，つぎのコールブルックの式 (Colebrook formula) を用いる．

$$\frac{1}{\sqrt{\lambda}} = -2.0 \log_{10}\left(\frac{k_s/d}{3.71} + \frac{2.51}{Re\sqrt{\lambda}}\right) \tag{7.30}$$

$70 < u_* k_s/\nu$ の条件では，遷移層外側の主流域まで粗さの突起部がせり出していることになる．この場合は，つぎのニクラジェの式を用いる．

$$\frac{1}{\sqrt{\lambda}} = -2.0 \log_{10}\left(\frac{k_s}{d}\right) + 1.14 \tag{7.31}$$

レイノルズ数 Re に対する管摩擦係数 λ を，相対粗さ (relative roughness) k_s/d までパラメータとして含めてまとめた図 7.6 をムーディ線図 (Moody diagram) という．なお，k_s は，引抜管で $0.0015\,\mathrm{mm}$，鋼管で $0.05\,\mathrm{mm}$，鋳鉄管で $0.26\,\mathrm{mm}$，コンクリート管で $0.3\sim3.05\,\mathrm{mm}$ 程度である（図中の破線 $(Re\sqrt{\lambda})(k_s/d) = 200$ は，コールブルックの式で過渡状態から完全に粗い状態への移行を示す）．

ここで，層流と乱流の圧力損失 Δp の大小について確認しておく．層流の場合，

$$\Delta p = \lambda \frac{l}{d}\frac{\rho u^2}{2} = \frac{64}{Re}\frac{l}{d}\frac{\rho u^2}{2} = \frac{64\nu}{du}\frac{l}{d}\frac{\rho u^2}{2} = \frac{32\mu l}{d^2}u \propto u \tag{7.32}$$

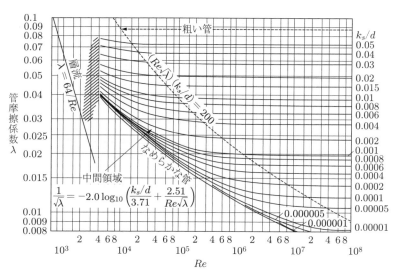

図 7.6 ▪ ムーディ線図（日本機械学会，機械実用便覧，p.503，図 7.12，丸善，1990）

となる．ここで，u は平均流速である．一方，乱流の場合，ブラジウスの式を用いると，同様に，

$$\Delta p = \frac{0.3164}{Re^{1/4}} \frac{l}{d} \frac{\rho u^2}{2} = 0.1582 \frac{\rho \nu^{1/4} l}{d^{5/4}} u^{7/4} \propto u^{1.75} \tag{7.33}$$

と導かれる．つまり，圧力損失 Δp は，平均流速 u の増加に対して，層流では一次的に，乱流では 1.75 乗程度で増加することになる．

層流の管摩擦係数 λ は，ムーディ線図から読みとれるように，比較的小さいレイノルズ数 Re の領域において（とくになめらかな内壁面の管で）乱流の λ よりも大きな値をとる．しかし，図 6.6 に例示したように，圧力損失は，乱流のほうが大きく（平均流速に対する変化も大きいので），パイプラインなどの長い管路を設計する際には配慮が必要である．

7.4 ┃ 助走区間と発達領域

6.5.1 項で概略を述べた，タンクに接続されている円管の流れをより詳しく考える．図 7.7 に示すように，接続部には十分な丸みがついているものとする．この丸みの仮定は，円管の入口部で流れにはく離が生じないとするための条件である．円管入口では，流体は一様な速度分布で流入する．

管の内壁面に近い流体は，管の内壁面との摩擦により減速される．管の内壁面に接する流体の速度は，滑りなしの条件より，ゼロである．管の内壁面近くの流速が減速する領域の境界層の厚さは，円管入口部より下流に向かうにつれてしだいに厚くなる．よって，下流方向のある地点で境界層の厚さは中心に達して，ついには管全体が境界

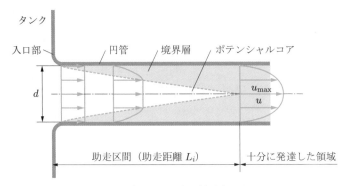

図 7.7 ■助走区間を含む管路内の流れ

層で覆われる．入口部からその地点までの区間を助走区間といい，その距離を助走距離または入口長さ (entrance length または inlet length) L_i という．6.5.1 項の図 6.12 に示したように，助走区間の下流側を十分に発達した領域 (fully developed region) という．なお，助走区間において，円管中心付近に流速が一様である領域が存在する．この中心部の粘性の影響が現れない流れの領域は，ポテンシャルコア (potential core) とよばれ，円管入口部で円管断面全域に存在し，助走区間の終端で消失する．

助走距離 L_i における損失ヘッド h_i は，次式で表される．

$$h_i = \lambda \frac{L_i}{d} \frac{u^2}{2g} + \frac{u^2}{2g} + \zeta_i \frac{u^2}{2g} \tag{7.34}$$

ここに，第 1 項は管摩擦による損失，第 2 項は静止流体が一様な速度分布になるために要する損失，第 3 項は速度分布が一様分布から放物線形状分布に変形するために生じる損失を表している．なお，十分に発達した領域（距離 L）における損失は，管の内壁面の摩擦損失のみとなる．すなわち，式 (7.34) は第 1 項（$L_i = L$）のみとなる．

助走距離 L_i や損失係数 ζ_i には，多くの式や値がある．管入口部に丸みのある場合の一例を以下に示す．形状が異なる管入口部に対する損失係数 ζ_i を図 7.8 に示す．なお，提案者や実験者により値に幅がある．

- 層流の場合

$$\frac{L_i}{d} = 0.065 Re \qquad \zeta_i = 1.24 \quad (\text{ブシネスク (Boussinesq)，理論})$$

$$\frac{L_i}{d} = 0.029 Re \qquad \zeta_i = 1.16 \quad (\text{シラー (Schiller)，理論})$$

- 乱流の場合

$$\frac{L_i}{d} = 25 \sim 40 \qquad \zeta_i = 0.09 \quad (\text{ニクラジェ (Nikuradse)，実験})$$

$$\frac{L_i}{d} = 0.693 Re^{1/4} \qquad \zeta_i = 0.06 \quad (\text{ラスコー (Latzko)，理論})$$

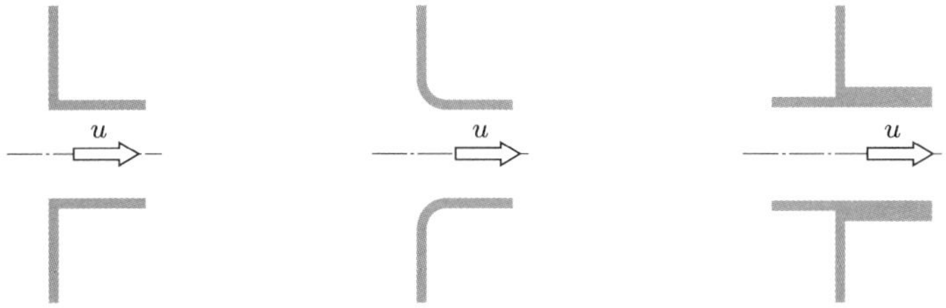

（a）$\zeta_i = 0.5$　　　（b）$\zeta_i = 0.005 \sim 0.06$　　　（c）$\zeta_i = 0.56$

図 7.8 ■ 管路内の形状と損失係数

7.5 拡大管と収縮管

　流路の断面積が変化する管内の流れは，流れの方向に拡大する場合と収縮する場合とで大きく異なる．いずれの場合も，流路の任意の断面間で，連続の式と，管中心の流線に対してベルヌーイの定理を考えることが基本となる．なお，ベルヌーイの定理については，第4章で詳しく述べている．

　拡大管（広がり管）の場合（図7.9参照），下流へ進むほど断面積が大きくなるので，連続の式より流速は遅く，ベルヌーイの式より圧力は高くなる．低圧域から高圧域への流れとなるために，流れは不自然で不安定となる．すなわち，断面積の変化が緩やかであっても，流れははく離 (separation) を生じやすい．はく離を生じると，流れの抵抗（抗力）や圧力の降下（損失）は増大する．

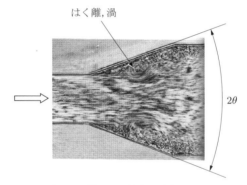

図 7.9 ■緩やかな拡大流路内の流れ
（日本機械学会，流れ―写真集，p.64，図 115，丸善，1984）

　一方，収縮管（細まり管）の場合，下流へ進むほど断面積は小さくなるので，流速は速く，圧力は低くなる．高圧域から低圧域への流れとなるために，流れは自然であり安定している．よって，はく離は生じにくい．ただし，断面積が不連続的に変化する場合には，流れの一部ではく離を生じる．

■7.5.1　管の断面積が緩やかに拡大する場合

　4.5.1項で述べたように，流れの方向に断面積が連続的に拡大する管をディフューザという．工業分野では，ディフューザは速度ヘッドから圧力ヘッドへの変換装置として使用される．管の広がり角度がごく小さい場合，管摩擦損失が支配的である．しかし，広がり角度が大きくなるとはく離を生じて損失は大きくなる．

損失ヘッドは，以下の定義式で与えられる.

$$h_d = \xi\Big(1 - \frac{A_1}{A_2}\Big)^2 \frac{u_1{}^2}{2g} = \zeta_d \frac{u_1{}^2}{2g} \tag{7.35}$$

係数 ξ（クサイまたはクシー）は，図 7.10 のように，広がり角度 2θ（図 7.9）によって変化して，2θ = 5〜6° で最小値 ξ ≒ 0.14 をとる.（60° 程度までは）角度が大きくなるほど，はく離は広域で生じて損失が大きくなる．これは，角度が小さい場合，（はく離が生じないあるいは小規模であるために）はく離損失は小さいが，同一断面積となるまでの流路が長くなり管摩擦損失が増大するためである．また，θ が大きくなると ξ ≒ 1 となり，急拡大管と差異がない．よって，実際の配管系においては，スペースやコストなどの点で設計寸法は制約されがちだが，損失の観点から，広がり角度を大きくとることは回避すべきである.

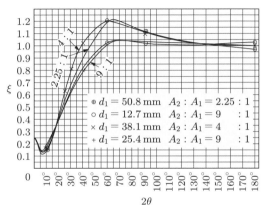

図 7.10 ▪ 円形断面の拡大管の損失係数
（日本機械学会，機械実用便覧，p.505，図 7.16，丸善，1990）

▪7.5.2 管の断面積が急拡大する場合

図 7.11（a）に示すように，管の断面積が不連続的に拡大する場合，流れは管の拡大部ではく離して，その下流側で壁面に再付着する．はく離した領域において，拡大管のコーナー（隅）部に大きな渦を形成し，そこで流れのエネルギー（圧力）の損失を生じる.

いま，管を地面と水平に置き，第 5 章で述べた検査体積を図 7.11（b）のようにとる．AD 面と BC 面の抵抗を無視し，検査体積内の流体に運動量の法則（式 (5.6)）を適用すると，

$$p_1 A_1 - p_2 A_2 + p_1'(A_2 - A_1) = \rho Q(u_2 - u_1) \tag{7.36}$$

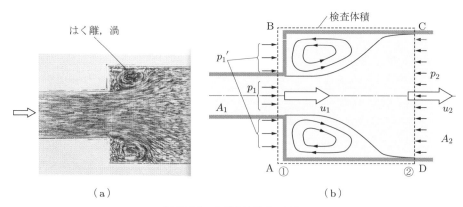

図 7.11 ■ 急拡大流路内の流れ

((a)：日本機械学会，流れ—写真集，p.64，図 113，丸善，1984)

が成り立つ. ここで, u は平均流速, p は静圧で, 添字 1, 2 は, それぞれ, AB 面, CD 面における値を示す. 近似的に $p_1' = p_1$ とおけるので, 運動量の式は,

$$A_2(p_1 - p_2) = \rho Q(u_2 - u_1) \tag{7.37}$$

となる. 連続の式は,

$$A_1 u_1 = A_2 u_2 = Q \tag{7.38}$$

で表される. 流れのエネルギー式は, 管の急拡大部におけるエネルギー損失を考慮すると, 修正したベルヌーイの式でつぎのように記述できる. すなわち, 管の急拡大部における損失ヘッドを h_e として,

$$\frac{p_1}{\rho g} + \frac{u_1{}^2}{2g} = \frac{p_2}{\rho g} + \frac{u_2{}^2}{2g} + h_e \tag{7.39}$$

と記述できる. 式 (7.37), (7.38) を式 (7.39) に代入すると,

$$
\begin{aligned}
h_e &= \frac{u_1{}^2 - u_2{}^2}{2g} + \frac{p_1 - p_2}{\rho g} = \frac{u_1{}^2 - u_2{}^2}{2g} + \frac{1}{\rho g}\frac{\rho Q}{A_2}(u_2 - u_1) \\
&= \frac{u_1{}^2 - u_2{}^2}{2g} + \frac{u_2(u_2 - u_1)}{g} = \frac{u_1{}^2}{2g} - \frac{1}{g}\frac{A_1}{A_2}u_1{}^2 + \frac{u_2{}^2}{2g} \\
&= \left(1 - \frac{A_1}{A_2}\right)^2 \frac{u_1{}^2}{2g} = \zeta_e \frac{u_1{}^2}{2g}
\end{aligned} \tag{7.40}
$$

となる. この式 (7.40) をボルダ・カルノーの式 (Borda-Carnot's formula) という. なお, 管の端部が開放されている場合などは $A_1/A_2 \to 0$ となるから, $\zeta_e \approx 1$ とお

けて,

$$h_e \approx \frac{u_1{}^2}{2g} \tag{7.41}$$

となる.すなわち,管路端において,圧力回復 (pressure recovery) はなく,流れのもつ運動エネルギーはすべて損失となる.これを出口損失 (exit loss) という.

いま,流路断面積を一挙にではなく段階的に拡大させることで,急拡大にともなう圧力損失を低減させることを考えてみる.つまり,大小の二つの管の間に挿入する接続管の適切な直径を求めればよい.ただし,管直径の変化は2段階とし,管摩擦損失は無視して,損失はボルダ・カルノーの式で与えられるものとする.

2段階に連結された拡大管の圧力損失 Δp は,各段における急拡大にともなう損失の和となる.よって,細い管および太い管の断面積 A および平均流速 u を,それぞれ添字 1, 2(挿入する管は添字なし)で表すと,Δp は,

$$\Delta p = \left(1 - \frac{A_1}{A}\right)^2 \frac{\rho u_1{}^2}{2} + \left(1 - \frac{A}{A_2}\right)^2 \frac{\rho u^2}{2} \tag{7.42}$$

となる.また,細い管と挿入する管との間において,連続の式より,

$$u = \left(\frac{A_1}{A}\right) u_1 \tag{7.43}$$

が成り立つから,圧力損失 Δp は,

$$\begin{aligned}
\Delta p &= \left(1 - \frac{A_1}{A}\right)^2 \frac{\rho u_1{}^2}{2} + \left(1 - \frac{A}{A_2}\right)^2 \left(\frac{A_1}{A}\right)^2 \frac{\rho u_1{}^2}{2} \\
&= \left[1 - 2\frac{A_1}{A} + 2\left(\frac{A_1}{A}\right)^2 - 2\frac{A_1{}^2}{AA_2} + \left(\frac{A_1}{A_2}\right)^2\right] \frac{\rho u_1{}^2}{2}
\end{aligned} \tag{7.44}$$

となる.挿入管の面積 A に対する Δp の極値(最小値)は,

$$\frac{\partial}{\partial A}\left[1 - 2\frac{A_1}{A} + 2\left(\frac{A_1}{A}\right)^2 - 2\frac{A_1{}^2}{AA_2} + \left(\frac{A_1}{A_2}\right)^2\right] = 0 \tag{7.45}$$

を解いて,

$$A = \frac{2A_1 A_2}{A_1 + A_2} \tag{7.46}$$

となる.ゆえに,拡大損失を最小にできる挿入管の直径 d は,次式を満たせばよい.

$$d = \sqrt{\frac{d_1{}^2 d_2{}^2}{d_1{}^2 + d_2{}^2}} \tag{7.47}$$

　以上のように，流路断面積の急激な変化は大きな損失を招くことから，径の異なる管で構成される配管系の設計には注意が必要である．しかし，一方で，このような流路の急拡大による流れの損失を利用する方法がある．たとえば，圧力差のあるすきまに適用すれば，漏れを低減させることができる．ラビリンスシール (labyrinth seal) はその代表的な機械要素である．

■7.5.3　管の断面積が緩やかに収縮する場合

　流れの方向に管の断面積が連続的に小さくなる場合，流れにはく離は生じない．よって，損失は小さく，管壁の摩擦損失のみを考えればよい．流れ方向に断面積が小さくなるために，平均流速は増加する．とくに管の内壁面近傍の流速が増加して，流速分布は一様な分布にやや近づく．なお，流れの方向に断面積が拡大するとエネルギーの大きな損失が生じるが，断面積が収縮してもエネルギー（全圧）が増加することはない．

■7.5.4　管の断面積が急収縮する場合

　図 7.12 に示すように，流路（管）の断面積が急に小さくなる場合，流れは断面積の変わる前後ではく離し，その下流で再付着する．また，狭い流路の入口を過ぎた直後に流れの断面積が収縮する．これを縮流 (contraction flow) といい，その部分を縮流部 (vena contracta) という．急拡大管の場合とは異なり，急収縮管の場合の損失係数は，実験的に求めざるをえない．なお，細い管への流入部直前の太い管の隅においても流れははく離して渦を生じるが，損失に及ぼす影響は小さい．

　急拡大する管路と急収縮する管路における損失係数 ζ を，管の直径比 d_1/d_2 に対して図 7.13 に示す．なお，断面積変化のある流れ場を扱う場合，一般に代表速度には平

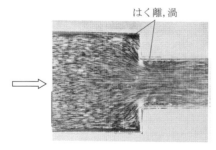

図 7.12 ■急収縮流路内の流れ
（日本機械学会，流れ—写真集，
p.64，図 112，丸善，1984）

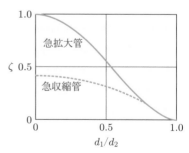

図 7.13 ■急拡大管と急収縮管の損失係数

均流速の大きいほうをとる．すなわち，急拡大管では上流側の速度を，急収縮管では下流側の速度を用いる．

図 7.14 に示すように，曲率をもった流路の管（曲管）をベンド (bend) という．流体が直管部から曲管部に流れ込むと，その流体に遠心力が作用する．そのため，管の軸方向の流れは曲管の外側へ押しやられ，管の内壁に沿って内側へ回り込む．これは，主流と直角方向の，向かい合った一対の流れであり，二次流れ (secondary flow) という．ベンド内では，主流と二次流れが合成された流れとなり，流跡線はスパイラル状にねじれる．

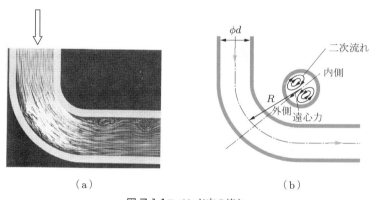

（a）　　　　　　　　　　　　　　（b）

図 7.14 ■ベンド内の流れ

((a)：日本機械学会，流れ─写真集，p.63，図 108，丸善，1984)

ベンドを通過して直管部に流入した流れの影響は，90°ベンドの場合，管直径の50倍程度の（ベンド部下流側）距離にまで及ぶ．曲率半径が小さい場合，大きなはく離領域を生じて，流れのエネルギー損失は大きくなる．損失を低減させるためには，曲率半径を大きくしたり，流路にガイドを設けるなどの方法がある．

ベンドのみの損失ヘッド h_b は，ベンドの損失係数 ζ_b を用いて，次式で表せる．

$$h_b = \zeta_b \frac{u^2}{2g} \tag{7.48}$$

ここで，u は平均流速で，ζ_b は，90°ベンドの場合，d を管直径，R を管中心の曲率半径として，以下の式で見積もることができる（ただし，$0.5 < (R/d) < 2.5$）．なお，ベ

ンド部全体の損失は，式 (7.48) に管摩擦の損失を加える．

$$\zeta_b = 0.131 + 0.1632\left(\frac{d}{R}\right)^{3.5} \tag{7.49}$$

一方，図 7.15 に示すように，急に折れ曲がる管（屈折管）はエルボ (elbow) という．エルボの損失係数 ζ_e は，屈折の角度を θ とおいて，以下の式で求められる．

$$\zeta_e = 0.946 \sin^2\left(\frac{\theta}{2}\right) + 2.05 \sin^4\left(\frac{\theta}{2}\right) \tag{7.50}$$

なお，図 7.15 にみられるように，一般にベンドよりもエルボのほうがはく離を生じやすく，損失もエルボのほうが大きい．

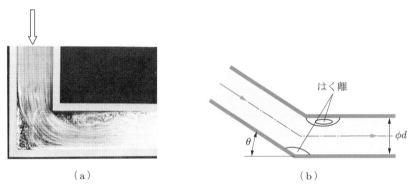

（a）   （b）

図 7.15 ■ エルボ内の流れ

((a)：日本機械学会，流れ―写真集，p.63，図 110，丸善，1984)

7.7 非円形断面の管

管には，断面が単一真円の形状以外のものもある．たとえば，熱交換器には二重あるいは複数の円管が，空調配管には角ダクトがよく使用されている．これらは，形状を定めるパラメータが多くなり，流れも複雑となるので，流れの損失を一般的に表すことができない．しかし，（円管に相当する圧力損失を与える）代表寸法を用いることで，近似的に円管と同じ扱い方で管摩擦損失を評価できる．

等価直径 (equivalent diameter) D_e および水力半径 (hydraulic radius) r_h を，流体が流れる管断面における面積 A と流体が接する部分の長さ S を用いてつぎのように定義する．

$$D_e = 4r_h = 4\frac{A}{S} \tag{7.51}$$

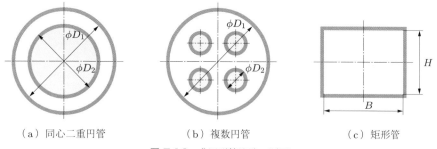

| （a）同心二重円管 | （b）複数円管 | （c）矩形管 |

図 7.16 ▪ 非円形管流路の断面

この定義式より，図 7.16 に示す非（単一）円形管路の相当直径 D_e を求める．同心二重円管（外側の円管の内径 D_1，内側の円管の外径 D_2）の場合（同図（a））は，

$$D_e = 4\frac{A}{S} = 4\frac{\pi(D_1{}^2 - D_2{}^2)/4}{\pi(D_1 + D_2)} = D_1 - D_2 \tag{7.52}$$

となる．円管（内径 D_1）内に n 本の細い円管（外径 D_2）が挿入されている，複数円管の場合（同図（b））は，

$$D_e = 4\frac{A}{S} = 4\frac{\pi(D_1{}^2 - nD_2{}^2)/4}{\pi(D_1 + nD_2)} = \frac{D_1{}^2 - nD_2{}^2}{D_1 + nD_2} \tag{7.53}$$

となる．断面が長方形（幅 B，高さ H）の矩形管の場合（同図（c））は，

$$D_e = 4\frac{A}{S} = 4\frac{BH}{2(B + H)} = \frac{2BH}{B + H} \tag{7.54}$$

となる．なお，レイノルズ数 Re' は，代表寸法に D_e を用いてつぎのように定義する．

$$Re' = \frac{D_e u}{\nu} \tag{7.55}$$

管摩擦係数 λ を見積もる場合，このレイノルズ数 Re' を近似的に用いることができる．ただし，細管が密な（n が大きい）複数円管や縦横比の大きい矩形管などにおいては，誤差が大きくなる．高い精度の予測が求められる場合には，実験を必要とする．

7.8 管路網

身のまわりの管路は，1 本の管のみで成り立っているケースはまれであり，断面積や長さの異なる複数の管が網目状に接続された流路（管路網，pipe network）を構成しているケースがほとんどである．このような流路は，一見，複雑であり，どこからど

のように手をつけて流れを把握すればよいか迷うであろう．しかし，基本に立ち返って問題を解きほぐせば，接続のタイプは直列と並列に，流れのタイプは分岐と合流に，損失は管摩擦損失とほかの損失とに整理できる．

はじめに，一つ（k 番目）の管に着目して，その損失ヘッド h_k を管摩擦損失とその他（拡大，収縮，合流，分岐など）による損失に起因するヘッドの和として次式で表す．

$$h_k = \lambda_k \frac{l_k}{d_k}\frac{u_k{}^2}{2g} + \zeta_k \frac{u_k{}^2}{2g} \tag{7.56}$$

ここで，流量 Q_k と断面積 A_k を用いて次式のように書きなおすこともできる．

$$h_k = \frac{\left(\lambda_k \frac{l_k}{d_k} + \zeta_k\right)\left(\frac{Q_k}{A_k}\right)^2}{2g} \tag{7.57}$$

図 7.17 に示すように，n 本の任意の長さの異径円管が直列あるいは並列に接続されている場合，系全体の流量 Q と損失ヘッド h は，それぞれ次式となる．

• 直列の場合

$$Q = Q_1 = Q_2 = \cdots = Q_n \tag{7.58}$$

$$h = h_1 + h_2 + \cdots + h_n = \sum_{k=1}^{n} h_k \tag{7.59}$$

• 並列の場合

$$Q = Q_1 + Q_2 + \cdots + Q_n = \sum_{k=1}^{n} Q_k \tag{7.60}$$

$$h = h_1 = h_2 = \cdots = h_n \tag{7.61}$$

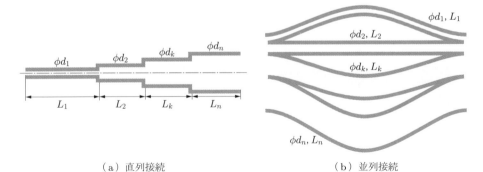

（a）直列接続　　　　　　（b）並列接続

図 7.17 ■直列接続と並列接続

　管路網では，各所で管が枝分かれして，流体は分岐や合流をして流れる．そこでは，流れに損失が生じる．分岐点や合流点を形成する管を，それぞれ分岐管 (branch pipe) および合流管 (junction pipe) という．分岐管や合流管における流れは，管の径，管の本数，管の交差角度，管の交差点の形状などの差異によりさまざまであり，損失係数も大きく異なる．

演習問題

7.1　内径 14 mm の手動式ポンプ（サイホン）で，ポリタンクからストーブに灯油（動粘度 3 mm^2/s）を入れたところ，容積 4 L のストーブのタンクが 2 分間で一杯になった．流量は一定であったと仮定すると，サイホンの管内の流れは層流，乱流のどちらと判断できるか求めよ．なお，臨界レイノルズ数は 2300 とする．

7.2　直径 10 mm の管 A と直径 4 mm の管 B に水（密度 1000 kg/m^3，粘度 1 mPa·s（ミリパスカル秒））を同じ流量 Q で流したところ，管 A では層流，管 B では乱流となった．このようになる流量の範囲（最大値 Q_{max} と最小値 Q_{min}）を求めよ．

7.3　油の動粘度は，温度により大きく（指数関数的に）変化する．直径 15 mm の円管に平均流速 2 m/s で，層流の状態を保って流すことができる最高温度を求めよ．ただし，任意の温度 t℃ における動粘度は $\nu = 30 \times e^{-0.02 \times (t-40)}$ [mm^2/s] で与えられるものとする．

7.4　直径 20 cm の内壁面のなめらかな円管を用いて，1 分間あたり 1 kL の水を 5 km 先まで送りたい．流れの損失として管摩擦のみを考えるとき，水を送り出すために必要な最低圧力を求めよ．

7.5　タンクに直結された，内径（直径）10 mm の円管に，平均流速 0.1 m/s で水（動粘度 1 mm^2/s）が流入する．このときの助走距離と，その区間における損失ヘッドを求めよ．

7.6　毎分 47 kL の水を直径 50 cm，長さ 100 m の円管で輸送する．コンクリート管の場合と鋼管の場合とでは，圧力損失の差はどの程度か求めよ．

7.7　直径 100 mm と直径 200 mm の円管を連結する急拡大管とディフューザがある．両者ともに全長は 1.144 m である．急拡大管の拡大部の位置は，長手方向の中央（端部から 0.572 m）である．急拡大管の拡大損失，急拡大管とディフューザの圧力損失を求め，両者を比較せよ．なお，各管の入口部（直径 100 mm）における平均流速を 10 mm/s とせよ．

7.8　幅 20 mm，高さ 10 mm，長さ 10 m の角ダクトに空気（密度 1.2 kg/m^3，動粘度 15 mm^2/s）を流す．そのときの損失ヘッドおよび圧力損失を求めよ．ただし，流量を毎分 100 L（一定）とする．

第8章 物体まわりの流れ

　追い風のなかで自転車のペダルを漕ぐと，ペダルが軽くて爽快である．しかし，向かい風になると急にペダルが重くなり，たちまち体力を消耗してしまう．これは風の強さ[†]によって，風（空気の流れ）から受ける空気抵抗が大きく変化するためである．また，向かい風で自転車を漕ぐ場合は，上体を鉛直に起こすよりも前屈みになったほうがペダルは軽くなる．これは物体形状によって空気抵抗が大きく変化することを意味している．

　車両・船舶・航空機などの乗り物をはじめ，野球・サッカー・ゴルフのボールなど，われわれの身近に存在する動く "もの" のほとんどは，水や空気などの流体中で動いている．したがって，物体まわりの流れを理解・予測し，流体力を適切に制御することは，工学的に重要である．

　本章では，まず，流れのなかに置かれた物体にはたらく流体力（抗力，揚力）の発生のしくみについて述べる．つぎに，流体力の発生と密接にかかわる物体周辺の流動現象について述べる．最後に，大きな揚力が生じる物体形状である翼について述べる．

8.1 物体に作用する流体力（抗力と揚力）

■8.1.1 流体力の生成要因

　流れのなかに置かれた物体が流体から受ける力を流体力という．図8.1に示すように，流体力は，一般に主流方向の成分と，それに垂直な方向の成分とに分けて考えることが多い．6.6節で述べたように，この主流方向の成分を抗力といい，垂直な方向の成分を揚力という．なお，抗力を抵抗という場合もあるが，両者は同一な意味で使われる．

[†]　厳密には，自転車に乗っている人から見た相対風の強さ．

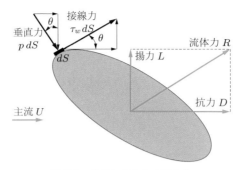

図 8.1 ■ 物体にはたらく流体力

　流体力は，6.6.2 項で述べたように，流体と接する物体表面に作用する応力を，物体表面全体 S にわたって積分することによって得られる．表面にはたらく応力は，作用する方向によって 2 種類存在する．一つは表面に対して垂直にはたらく応力であり，これは圧力 p を意味する．もう一つの応力は，表面の接線方向に作用する応力であり，これを壁面せん断応力 (wall shear stress) τ_w または摩擦応力 (friction stress) という．流体中に生じるせん断応力 τ は，式 (1.19) で示したように，流体の粘性と速度勾配が原因となって生じる応力である．したがって，τ_w は，式 (1.19) において $y = 0$ の表面上で得られる値であり，すなわち，$\tau_w = \mu(du/dy)_{y=0}$ を意味する．

　図 8.1 に示すように，主流に対して θ 傾いている物体表面上の微小面積 dS には，圧力 p によって生じる垂直力 $p\,dS$ と，壁面せん断応力 τ_w によって生じる接線力（摩擦力）$\tau_w\,dS$ がはたらいている．これらの力の抗力方向成分は，それぞれ $p\,dS\sin\theta$，$\tau_w\,dS\cos\theta$ となり，揚力方向成分は，それぞれ $-p\,dS\cos\theta$，$\tau_w\,dS\sin\theta$ となる．したがって，この物体にはたらく抗力 D および揚力 L は，式 (6.40)，(6.41) で示したように，

$$\left.\begin{array}{l} D = \underbrace{\displaystyle\int_S p\sin\theta\,dS}_{\text{圧力抗力 } D_p} + \underbrace{\displaystyle\int_S \tau_w\cos\theta\,dS}_{\text{摩擦抗力 } D_f} \\[3ex] L = -\displaystyle\int_S p\cos\theta\,dS + \displaystyle\int_S \tau_w\sin\theta\,dS \end{array}\right\} \tag{8.1}$$

となる．ここで，抗力 D の右辺第 1 項および第 2 項は，それぞれ圧力抗力（形状抗力）D_p，摩擦抗力 D_f である．

　このように，物体にはたらく抗力は，圧力抗力 D_p と摩擦抗力 D_f の和で表され，D_p と D_f の抗力 D に対する比率は，表 8.1 に示すように，物体形状に大きく依存する．

表8.1 ■ 各種形状における圧力抗力と摩擦抗力の割合

物体形状	圧力抗力の割合 $D_p/(D_p + D_f)$ [%]	摩擦抗力の割合 $D_f/(D_p + D_f)$ [%]
薄い水平平板（流線形物体）	0	100
涙形物体（流線形物体）	~10	~90
円柱（鈍い物体）	~90	~10
垂直平板（鈍い物体）	100	0

　一般に，前縁が丸く，流れ方向に細長い流線形物体 (streamline body) とよばれるものは $D_p < D_f$ であり，円柱や角柱など，物体表面で流れがはく離し，物体下流に渦が形成される鈍い物体とよばれるものは $D_p > D_f$ となる．なお，揚力は抗力と同様に圧力と壁面せん断応力が原因となって生じる力であるが，多くの場合は壁面せん断応力よりも圧力による寄与のほうが圧倒的に大きいため，壁面せん断応力による寄与を無視することが多い．したがって，"圧力揚力"や"摩擦揚力"という言葉は使われず，"揚力"という言葉は，圧力に起因する揚力をさすのが一般的である．

■8.1.2　抗力係数と揚力係数

　流体力は，流速や物体の大きさの影響を受ける．したがって，同じ形状の相似物体であっても，流速が速く，寸法の大きなものほど大きな流体力がはたらく．そこで，物体の形状に対する流体力の受けやすさを評価するために，流体力は，主流の動圧 $(1/2)\rho U^2$ と物体の代表面積 A を用いて，つぎのように無次元化された係数で表されることが多い．

$$C_D = \frac{D}{\frac{1}{2}\rho U^2 A}, \qquad C_L = \frac{L}{\frac{1}{2}\rho U^2 A} \tag{8.2}$$

ここで，C_D，C_L を，それぞれ抗力係数 (drag coefficient)，揚力係数 (lift coefficient) といい，ρ は流体の密度，U は代表速度，A は代表面積である．一般に，代表速度 U には主流の一様流速を，代表面積 A には前面投影面積 (frontal area) を用いる．前面投影面積は，主流を平行光線に見立て，物体の後方に立てかけたスクリーンに投影される物体の影の面積を意味する．したがって，同じ流速，同じ大きさ（すなわち，同じ前面投影面積）で形状の異なる物体では，C_D の大きな物体ほど大きな抗力がはたらく．

　抗力係数 C_D が既知である物体の抗力 D は，式 (8.2) より，$D = C_D(1/2)\rho U^2 A$ として求めることができる．8.3 節で述べるように，C_D は，レイノルズ数 Re の関数である．しかし，一般に鈍い物体であれば，C_D はおよそ $10^3 < Re < 10^5$ 程度の範囲でほぼ一定になることが知られている．表 8.2 に，このレイノルズ数範囲の各種鈍い物体の抗力係数の例を示す．

■8.1.3　物体にはたらく抗力と後流の欠損運動量

　流れのなかに置かれた物体に抗力がはたらいているとき，流体の立場からみると，作用・反作用の法則により，流体は物体から抗力とは逆向きの力（すなわち，上流向きの力）を受けていることになる．

　第 5 章で述べたように，流体は力（厳密には力積）を受けると，運動量が変化する．したがって，図 8.2 に示すように，物体に抗力 D を与えた流体は，作用・反作用の法則により物体から上流向きの力 $-D$ を受ける．

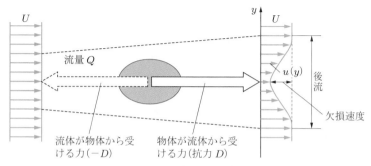

図 8.2 ■抗力と後流速度分布の関係

表 8.2 ■ 各種鈍い物体の抗力係数

物体形状	寸法割合	投影面積 A	抗力係数 C_D
円柱（流れに平行）	$l/d = 0.5$	$\pi d^2/4$	1.00
	1		0.84
	2		0.76
	4		0.78
	7		0.88
円柱（流れに垂直）	$l/d = $ 1	dl	0.64
	2		0.69
	5		0.76
	10		0.80
	40		0.98
	∞		1.0～1.2
垂直平板	$a/b = $ 1	ab	1.12
	2		1.15
	5		1.22
	10		1.27
	20		1.50
	∞		1.9～2.0
球		$\pi d^2/4$	0.40～0.42
垂直円板		$\pi d^2/4$	1.1
凸状半球（底面なしのカップ状）		$\pi d^2/4$	0.3～0.4
凹状半球（底面なしのカップ状）		$\pi d^2/4$	1.3～1.4
円すい	$\alpha = $ 60°	$\pi d^2/4$	0.5
	30°		0.3

その結果，物体の下流側の流れは，運動量が減少して減速する．物体下流の減速した流れ領域を後流 (wake) あるいは伴流とよび，速度や運動量の減少量をそれぞれ欠損速度 (velocity deficit)，欠損運動量 (momentum deficit) という．例題 8.1 に示すように，物体の後流においては，後流内の欠損運動量がわかれば，物体にはたらく抗力を知ることができる．

....

主流速度 $U = 20\,\mathrm{m/s}$ の空気（密度 $\rho = 1.2\,\mathrm{kg/m^3}$）の一様流のなかに，直径 $d = 30\,\mathrm{cm}$，軸長さ $l = 6\,\mathrm{m}$ の円柱が流れに垂直に置かれている．このとき，図 8.3 に示すように，後流内の最大欠損速度は $0.15U$，後流幅は $8d$ になったとする．後流速度分布は直線的に変化するものと仮定し，後流の欠損運動量を用いて，物体にはたらく抗力 D と抗力係数 C_D を求めよ．

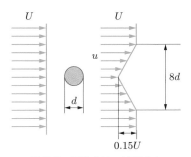

図 8.3 ▪ 円柱後流の速度分布

解答 ....

流れは上下対称なので，円柱の上半分にはたらく抗力 $D_{1/2}$ を求め，あとでそれを 2 倍にする．後流中心に原点をとり，流れと垂直に y 軸をとると，$0 \leqq y \leqq 4d$ の範囲の欠損運動量を考えればよい．この範囲の速度分布 u は，

$$u = \frac{0.15Uy}{4d} + 0.85U$$

となる．後流内を流れる流量 Q は，

$$Q = \int_0^{4d} ul\,dy = \int_0^{4d} \left(\frac{0.15Uy}{4d} + 0.85U \right) l\,dy = 3.70U\,dl$$

であるから，流量 Q の流体が円柱の上流でもっていた運動量 M_0 は，

$$M_0 = \rho QU = 3.70\rho U^2\,dl$$

となる. 一方, 後流内の運動量 M_1 は,

$$M_1 = \int_0^{4d} \rho u^2 l \, dy = \rho \int_0^{4d} \left(\frac{0.15Uy}{4d} + 0.85U \right)^2 l \, dy = 3.43\rho U^2 \, dl$$

となる. したがって, 円柱の上半分にはたらく抗力 $D_{1/2}$ は,

$$D_{1/2} = M_0 - M_1 = (3.70 - 3.43)\rho U^2 \, dl = 0.27\rho U^2 \, dl$$

となり, 抗力 D は,

$$D = 2D_{1/2} = 0.54\rho U^2 \, dl = 0.54 \times 1.2 \times 20^2 \times 0.3 \times 6 = 466.6\,\text{N}$$

となる. また抗力係数 C_D は, つぎのようになる.

$$C_D = \frac{D}{\frac{1}{2}\rho U^2 A} = \frac{0.54\rho U^2 \, dl}{\frac{1}{2}\rho U^2 \, dl} = 1.08$$

8.2 物体表面近くの流れ(境界層流れ)

　一様流中に置かれた平板上に形成される境界層の初歩的基礎概念については, 6.6.1 項で少し述べたが, ここでは, より詳しく境界層の概念や流れの諸特性などについて述べる.

■8.2.1 境界層の概念

　粘性のある流体では, 表面上の流体は表面に付着し, 決して表面上を滑って流れることはない. これを粘性流体の滑りなし条件という. 図 8.4 に示すように, 粘性流体中の一様流のなかに, 薄い平板が流れと平行に設置されているとき, 平板の表面に垂直な方向(y 方向)の速度分布 $u(y)$ について考えてみる.

　$y = 0$ の平板の表面上では, 粘性流体の滑りなし条件により $u(0) = 0$ となるが, y が増加し, 表面から離れるに従って, $u(y)$ はしだいに増加する. さらに, ある距離以

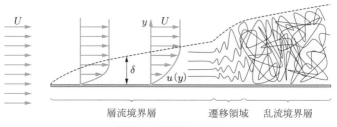

図 8.4 ■境界層の概要

上に表面から離れると，$u(y)$ は y 座標によらず一様流速 U の一定値となる．ここで，$u(y) = U$ となる最小の y を δ と表記すると，表面近傍の流れは，y の値によって以下の二つの領域に分けることができる．

- 領域 1 　 $0 \leqq y \leqq \delta$, 　 　 $0 \leqq u(y) \leqq U$
- 領域 2 　 $\delta \leqq y$, 　 　 　 　 $u(y) = U = \mathrm{const.}$

ここで，領域 1 を境界層といい，δ を境界層厚さという．

このように，境界層の速度分布 $u(y)$ は，壁から十分に離れたところで一様流速 U となり，壁に近づくにつれて速度が漸近的に減少していく．この速度分布のおおまかな形状は特殊な形状ではなく，誰にでも簡単に予想できるようなものである．しかし，表面近傍の領域をこの二つの領域に分けて考えるという発想は，20 世紀初頭までの流体力学の歴史のなかにおいて，以下の点で非常に画期的なものであった．つまり，粘性流体では，ニュートンの粘性法則により，$\tau = \mu \, du/dy$ のせん断応力が発生するが，領域 2 は速度一定であるため，速度勾配は存在せず，つねに $du/dy = 0$ となる．したがって，粘性流体であっても，領域 2 ではつねに $\tau = 0$ となり，これは，ニュートンの粘性法則において $\mu = 0$ の非粘性流体の場合と数学的には同等であることを意味する．これにより，粘性流体であっても，境界層の外側の流れは，非粘性流体の流れとして解析的に解けることになる．さらに，粘性の影響は，物体のごく近傍の薄い層状の境界層内部だけについて考えればよいことになる．このような考え方を提案したのは，6.4 節で述べたプラントルである．この境界層の概念によって，航空流体力学をはじめとする現代流体力学が，20 世紀以降に大きく発展することとなった．

■8.2.2　境界層の厚さ

境界層外縁付近において，境界層内の速度 u は一様流速 U に漸近的に近づくため，実験などで厳密に $u = U$ となる δ を明確に求めることは難しい．そこで，慣例として $u = 0.99U$ となる表面からの距離を境界層厚さと定義し，これを $\delta_{0.99}$ と表記することがある．ただし，ここで 0.99 という数値を選んだ合理的な理由はないので，境界層の厚さを定量的に評価する場合は，つぎに示す排除厚さ δ^* や運動量厚さ θ を用いることのほうが多い．

図 8.5 に示すように，粘性流体では境界層が形成されるため，表面の近傍の速度 u は主流の一様流速 U よりも減少する．$U - u$ を欠損速度という．この欠損速度の存在によって，境界層内を流れる流体の流量は，欠損速度のない場合（非粘性流体）に比べて $\Delta Q = \int_0^\delta (U - u) \, dy$ だけ減少する．この流量減少量は，見かけ上，非粘性流体

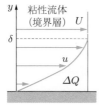
（a）欠損速度$(U-u)$による
　　流量の減少量ΔQ

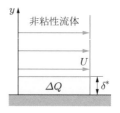
（b）固体表面が厚さδ^*膨らむことで
　　流量がΔQ減少したと考える

図 8.5 ▪ 境界層の排除厚さ

において表面が膨らみ，流路幅がδ^*だけ狭くなったのと同じ意味をもつ．このとき，$U\delta^* = \Delta Q$の関係を満たすδ^*を境界層の排除厚さ (displacement thickness) という．排除厚さは，境界層の形成によって見かけ上，物体の外形がδ^*だけ膨張したかのようにみえる効果を表している．

　境界層の存在によって，境界層内を流れる流体のもつ運動量も減少する．この欠損運動量ΔMは，質量流量$\rho u\,dy$に欠損速度$U-u$を掛けたものなので，$\Delta M = \int_0^\delta \rho u(U-u)\,dy$となる．幅$\theta$内を主流の一様流速$U$で流れる流体のもつ運動量は$\rho U^2\theta$で表されるので，排除厚さと同様の考え方を用いると，$\rho U^2\theta = \Delta M$となるように$\theta$を設定することができる．この$\theta$を境界層の運動量厚さ (momentum thickness) という．欠損運動量は粘性によって生じるせん断応力が原因となっているため，運動量厚さは摩擦抗力と密接な関係がある．

　排除厚さδ^*および運動量厚さθに関する式をまとめると，つぎのようになる．

$$\Delta Q = U\delta^* = \int_0^\delta (U - u)\,dy \quad \to \quad \delta^* = \int_0^\delta \left(1 - \frac{u}{U}\right) dy \tag{8.3}$$

$$\Delta M = \rho U^2\theta = \int_0^\delta \rho u(U - u)\,dy \quad \to \quad \theta = \int_0^\delta \frac{u}{U}\left(1 - \frac{u}{U}\right) dy \tag{8.4}$$

▪8.2.3　境界層の乱流遷移

　図 8.4 に示すように，主流の乱れが十分小さい場合は，平板の前縁から層流境界層が形成される．ここで，平板の前縁を原点とし，主流方向にx軸をとると，境界層厚さδはxの関数となる．一般に，δは下流方向に増加する．xがある程度以上に大きくなると，境界層内の流れは乱れ始め，その下流で乱流境界層が形成される．層流境界層が乱流境界層へ遷移しつつある領域では，層流状態と乱流状態が間欠的に現れる．この領域を遷移領域 (transition region) という．したがって，遷移領域の上流側では，

乱流よりも層流である確率が高く，下流側では層流よりも乱流である確率が高いといえる．

乱流の間欠性 (intermittency) は，十分に発達した乱流境界層の外縁部にもみられる．図 8.6 に示すように，乱流境界層では，時間平均的な境界層厚さに対して瞬時の境界層外縁部形状は，大きなスケールで凹凸状に入り組んでいる．

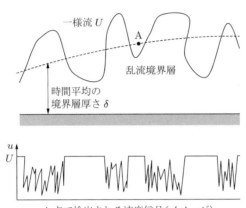

図 8.6 ■ 乱流境界層外縁の間欠性

したがって，乱流境界層外縁部に速度プローブ（検出探針）を設置すると，速度が低下して速度変動の激しい乱流境界層内の信号と，一様流速 U の一定となる信号が，交互に（間欠的に）検出される．これらの間欠性は，乱流中に含まれる大規模な（組織的）渦構造[†]によって引き起こされている．

層流境界層が乱流境界層に遷移し始める臨界レイノルズ数 $Re_c = Ul/\nu$ は，主流の乱れ強さ（速度変動の大きさ）や平板表面の表面粗さ，および下流方向の圧力勾配などの影響を受けるが，一般的な流れでは，$Re_c \fallingdotseq 5 \times 10^5$ 程度であることが知られている．ここで，l は平板前縁からの距離である．また，圧力勾配のないなめらかな水平平板上の境界層厚さ δ は，次式で表されることが知られている．

- 層流　$\delta = 5.0 \left(\dfrac{x\nu}{U} \right)^{1/2}$ (8.5)

[†] 乱流は，大小さまざまなスケールの渦が不規則に出現する流れと考えられる．しかし，そのなかには，比較的スケールが大きく，出現した際に再現性の高い渦が存在し，その渦が乱流特性と密接にかかわっていることがわかってきた．そのような渦の構造を，大規模構造，組織的構造 (coherent structure)，秩序構造などとよんでいる．したがって，乱流は，組織的渦構造の不規則な出現とみなすことができる．

• 乱流 $\quad \delta = 0.37 \left(\dfrac{x^4 \nu}{U} \right)^{1/5}$ $\qquad\qquad\qquad$ (8.6)

　乱流における式 (8.6) は，平板前縁から乱流境界層が形成すると仮定した場合であるので，平板の途中で層流から乱流に遷移する乱流境界層の厚さを求める場合は，例題 8.2 に述べるような工夫を要する．また，上式から，層流境界層の厚さは x の 1/2 乗に比例し，乱流境界層の厚さは x の 4/5 乗に比例することがわかる．したがって，一般に境界層厚さは，乱流のほうが厚くなる．

例題 8.2 ....

　主流の一様流速 $U = 5\,\mathrm{m/s}$ の空気（動粘度 $\nu = 1.4 \times 10^{-5}\,\mathrm{m^2/s}$）の流れのなかに，薄い平板が流れと平行に設置されている．このとき，平板上に形成される境界層は，図 8.7 に示すように，平板の途中で層流から乱流に遷移する．その臨界レイノルズ数を $Re_\mathrm{c} = 5 \times 10^5$ とする．平板前縁を原点とし，下流方向に x 軸をとり，式 (8.5)，(8.6) を用いて，$x_1 = 1\,\mathrm{m}$ および $x_2 = 2\,\mathrm{m}$ における境界層厚さ δ_1，δ_2 をそれぞれ求めよ．

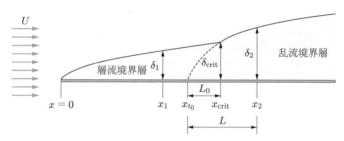

図 8.7 ■層流境界層から乱流境界層に遷移するときの境界層厚さの変化

解答 ....

まず，乱流に遷移する位置 x_crit を求める．

$$Re_\mathrm{c} = \frac{U x_\mathrm{crit}}{\nu}$$

より，

$$x_\mathrm{crit} = \frac{Re_\mathrm{c}\,\nu}{U} = 5 \times 10^5 \times 1.4 \times 10^{-5} \times \frac{1}{5} = 1.4\,\mathrm{m}$$

となる．したがって x_1 は層流境界層，x_2 は乱流境界層の領域にある．そこで，層流境界層の厚さ δ_1 は，式 (8.5) より，

$$\delta_1 = 5.0 \left(\frac{x_1 \nu}{U} \right)^{1/2} = 5 \left(1 \times 1.4 \times 10^{-5} \times \frac{1}{5} \right)^{1/2} = 8.367 \times 10^{-3}\,\mathrm{m} = 8.367\,\mathrm{mm}$$

となる．式 (8.6) で与えられる乱流境界層の厚さは，平板の前縁から乱流境界層が発達した場合の値である．しかし，本問では，平板の途中で層流から乱流に遷移しているため，x_{crit} の位置ですでに境界層厚さは δ_{crit} になっている．そこで，乱流境界層が発達し始める仮想的な原点 x_{t_0} を求め，x_{t_0} からの距離 L を式 (8.6) の x に代入する．x_{crit} においては，層流境界層厚さと乱流境界層厚さは等しいので，δ_{crit} は層流境界層の式を用いて求める．そこで，

$$\delta_{\mathrm{crit}} = 5.0\left(\frac{x_{\mathrm{crit}}\,\nu}{U}\right)^{1/2} = 5\left(1.4 \times 1.4 \times 10^{-5} \times \frac{1}{5}\right)^{1/2} = 9.899 \times 10^{-3}\,\mathrm{m}$$

となる．これと同じ厚さの乱流境界層が得られる仮想原点からの距離 L_0 は，

$$L_0 = x_{\mathrm{crit}} - x_{t_0}$$

となる．式 (8.6) より，

$$\delta_{\mathrm{crit}} = 0.37\left(\frac{L_0{}^4\,\nu}{U}\right)^{1/5}$$

であるから，これを L_0 について解くと，

$$L_0 = \left\{\left(\frac{\delta_{\mathrm{crit}}}{0.37}\right)^5 \frac{U}{\nu}\right\}^{1/4} = \left\{\left(9.899 \times 10^{-3} \times \frac{1}{0.37}\right)^5 \times \frac{5}{1.4 \times 10^{-5}}\right\}^{1/4}$$
$$= 0.2645\,\mathrm{m}$$

となる．したがって，仮想原点 x_{t_0} から x_2 までの距離を，

$$L = x_2 - x_{t_0}$$

とすると，

$$L = x_2 - x_{\mathrm{crit}} + L_0 = 2 - 1.4 + 0.2645 = 0.8645\,\mathrm{m}$$

となる．L を式 (8.6) の x に代入すると，次のようになる．

$$\delta_2 = 0.37\left(\frac{L^4\,\nu}{U}\right)^{1/5} = 0.37\left(0.8645^4 \times 1.4 \times 10^{-5} \times \frac{1}{5}\right)^{1/5} = 25.53 \times 10^{-3}\,\mathrm{m}$$
$$= 25.53\,\mathrm{mm}$$

■8.2.4 境界層のはく離

はじめに，質点系の力学において，図 8.8 に示すような傾斜面を滑りながら上り下りする物体の運動について考えてみる．

摩擦のない場合の下り斜面では，物体の運動方向と重力の斜面に沿う成分の方向は一致するため，物体は加速する．その後，上り斜面になると，物体は斜面下向きにはたらく重力成分に逆らって運動するため，減速しながら斜面を上ることになる．しか

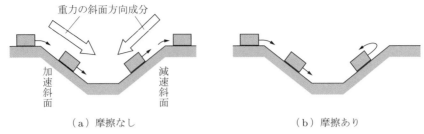

（a）摩擦なし　　　　　　　　　　　（b）摩擦あり

図 8.8 ■傾斜面を上り下りする物体の運動

し，物体は下り斜面で加速して十分に大きな運動エネルギーと運動量を得るので，重力に逆らって元の高さまで上昇することができる．これは力学的エネルギー保存の法則を意味している．

　一方，摩擦のある斜面では，物体はつねに進行方向と逆向きに摩擦力を受けるため，物体の力学的エネルギーは徐々に消失し，運動エネルギーは摩擦のないときに比べて減少する．したがって，斜面を上る際の運動量も小さくなり，上り斜面の途中で重力に逆らいきれず，速度がゼロとなる．その後，物体は重力によって斜面下向きに逆走し始める．これと同様の現象が，流れにも起こることがある．たとえば，図 8.9 に示すような，物体表面が上方に膨らんだ表面に沿った流れについて考えてみる．

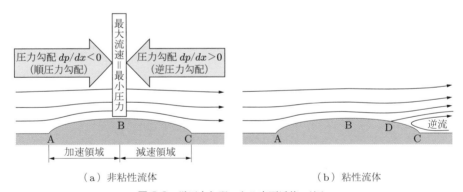

（a）非粘性流体　　　　　　　　　　（b）粘性流体

図 8.9 ■逆圧力勾配のある表面近傍の流れ

　物体の表面の膨らみの頂点 B では，流線間隔が狭くなり，速度が最大となる．このとき，ベルヌーイの定理により，最大速度の位置 B で圧力は最小になる．これは，B 点の上流側も下流側も，圧力はこの最小圧力よりも高いことを意味する．したがって，流れ方向（x 方向）の圧力の変化（圧力勾配 dp/dx）をみると，A–B 間は $dp/dx < 0$ となる．このように，下流方向に圧力が低下する状態を順圧力勾配 (positive pressure gradient) という．

一方，B–C 間は $dp/dx > 0$ となる．このように，下流方向に圧力が増加する状態を逆圧力勾配 (negative pressure gradient) という．

流体は圧力の下がる方向に力を受けるので，順圧力勾配の流れは加速し，逆圧力勾配の流れは減速する．したがって，A–B 間では，流体は順圧力勾配によって加速されるが，B–C 間では逆圧力勾配によって減速される．ここで，流体に粘性がなければ，流体には摩擦が生じないので，力学的エネルギーが保存されるため，A 点から C 点の間で加速と減速が起こっても，C 点の速度は A 点と等しくなり，流体は C 点まで到達することができる．

しかし，流体に粘性がある場合は，物体の表面近傍には境界層が形成される．境界層内の流体は表面との摩擦によって力学的エネルギーを消失させながら流れるため，非粘性時に比べて運動エネルギーも運動量も減少する．とくに物体の表面のごく近傍を流れる流体のエネルギーが多く失われて速度が低下するため，B 点を通過した物体の表面のごく近傍の遅い流体は，逆圧力勾配による上流向きの力に逆らいきれず，図 8.9 (b) のように，B–C 間の D 点で速度がゼロとなり，その右側で逆流が起こる．その結果，物体の表面近傍を流れていた境界層内の流れは，D 点で物体表面からはがれて外側に流れ出す．このように，物体表面から境界層がはがれる現象をはく離といい，D 点をはく離点 (separation point)，はく離した境界層をはく離せん断層 (separation shear layer) という．はく離点では，物体表面のごく近傍の流れの速度がゼロとなるため，表面に垂直方向の速度勾配は，$du/dy = 0$ となる．したがって，はく離点の壁面せん断応力は $\tau_w = \mu(du/dy)_{y=0} = 0$ となる．

前述したように，非粘性流体では摩擦によるエネルギー損失が生じないので，物体の下流端にできる後方よどみ点以外ではく離することはない．したがって，物体表面からのはく離は，粘性流体特有の現象といえる．

■8.2.5 はく離の防止方法

図 8.10 に示すように，物体から流れがはく離すると，はく離点下流側の近傍後流 (near wake) には，はく離領域 (separation region) とよばれる逆流を含む低圧な領域が形成される．

はく離せん断層は，このはく離領域で巻き上がり，渦が形成されることが多い．この低圧なはく離領域は，圧力抗力の大きな原因となる．したがって，物体にはたらく抗力を低減させる場合は，物体形状の工夫や境界層特性を活用した境界層制御によって，はく離させない，あるいははく離する場合は，できるだけはく離領域が狭くなる

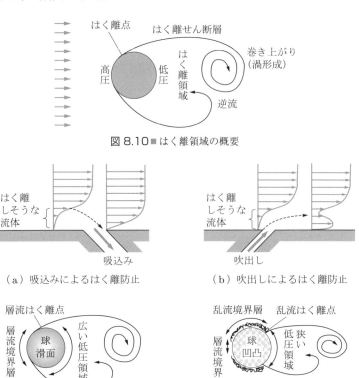

図 8.10 ■ はく離領域の概要

（a）吸込みによるはく離防止　　　（b）吹出しによるはく離防止

（c）上流側ではく離するため　　　（d）下流側ではく離するため
　　　抗力が大きい場合　　　　　　　抗力が小さい場合

図 8.11 ■ はく離防止方法の例

ようにすることが必要である．代表的なはく離防止方法の例を図 8.11 に示す．

　曲率半径の小さな曲面や角は，表面の方向が急激に変化するので逆圧力勾配が大きくなり，はく離が起こりやすい．そこで，物体形状を緩やかにカーブした曲面や角のないなめらかな状態にすると，はく離は起こりにくくなり，抗力は低減する．その代表的な形状が，いわゆる涙形の流線形である．

　はく離は，物体表面近くの流体が摩擦によってエネルギーを失うことが原因である．そこで，このエネルギーを失った流体を，物体表面近傍から除去することができれば，はく離は起こりにくくなる．たとえば図 8.11 (a)，(b) のように，物体表面にスリットを設け，ここからエネルギーを失った流体を吸い込んで除去したり，あるいは高速流体をこのスリットから物体表面に吹き出したりすることによって，物体表面近傍の流体のエネルギーを増加させ，はく離しにくくする方法などがある．

また，次項で述べるように，乱流境界層は層流境界層に比べてはく離しにくい．そこで，図 8.11（c）に示す球のように圧力抗力の大きな物体では，同図（d）のように表面に凹凸を付け，境界層を積極的に乱流化させることによって，はく離を起こりにくくし，はく離領域を狭め，抗力を低減させる方法もある．ゴルフボールのディンプル（くぼみ）は，この目的のために考え出されたものである．ディンプルによって境界層を上流側で乱流化すれば，はく離点が下流側にできる．その結果，はく離領域が狭くなり，圧力抗力が低減され，飛距離がのびる．ただし，摩擦抗力は層流境界層よりも乱流境界層のほうが大きいので，注意が必要である．ゴルフボールのディンプルは，摩擦抗力の増加量よりも，圧力抗力の減少量のほうが大きくなった一例である．

■8.2.6　層流境界層と乱流境界層の特徴の比較

境界層の流体力学的特徴は，層流と乱流で大きく異なる．これらの特徴を正しく理解し，その知識を有効に活用することは工学的に重要である．そこで，表 8.3 に，これらの特徴を一覧にまとめ，つぎに各項目について説明する．

速度分布の概略は，ポールハウゼンの近似解（層流）や指数法則（乱流）が知られている．より精度の高い速度分布が必要なときは，ブラジウスの数値解（層流）や対数法則（乱流）とよばれる速度分布が用いられる．速度分布を乱流と層流で比較すると，境界層外縁部近傍を除き，大部分の領域で乱流のほうが速度の減少が少ない．これは，乱流の混合・拡散作用によって，速度の速い境界層外縁部の流体粒子と，速度の遅い表面近傍の流体粒子が激しく交換され，表面のごく近傍を除き，速度（運動量）が均一化するためである．その結果，乱流境界層の速度分布は，層流に比べて，主流速度に近い高速側の境界層外縁付近でやや減速し，それよりも壁側の低速側では増速する．このような速度の均一化は，式 (6.17) で述べた渦動粘度の効果によるものであり，大きなレイノルズ応力の発生を意味する．表 8.3 に示す領域 I は，乱流の混合・拡散作用が大きくはたらいている領域である．

上述したように，乱流境界層においては領域 I の速度はあまり減少しないので，領域 I の表面側の速度は，大きい状態を維持している．しかし，乱流であっても粘性流体の滑りなし条件は有効であるので，表面上の速度はゼロになる．さらに表面のごく近傍である乱流境界層の領域 II では，表面に垂直方向の速度変動が表面の存在によって抑制されるため，この領域 II の乱れは非常に小さい．したがって，領域 II は，表面に近づくにつれて速度が急激に減少し，速度勾配の大きな層流状の領域となる．この速度勾配は層流境界層の速度勾配よりも大きいため，領域 II では流体の粘性（分子粘性）に

表 8.3 ■ 層流境界層と乱流境界層の特徴の比較

項目	層流境界層	乱流境界層
時間平均の速度分布 形状 $\bar{u}(y)$	\(\displaystyle \eta = \frac{y}{\delta}\)　速度分布の概略	
	$\dfrac{\bar{u}}{U} = 2\eta - 2\eta^2 + \eta^4$ （ポールハウゼンの近似解）	$\dfrac{\bar{u}}{U} = \eta^{1/7}$ （指数法則）
境界層厚さ δ	乱流境界層に比べて薄い $\delta = 5.0\left(\dfrac{x\nu}{U}\right)^{1/2}$ x の 1/2 乗に比例	層流境界層に比べて厚い $\delta = 0.37\left(\dfrac{x^4\nu}{U}\right)^{1/5}$ x の 4/5 乗に比例
せん断応力 τ	乱流境界層に比べて小さい 発生要因：流体の粘性（分子粘性） $\tau = \mu\dfrac{d\bar{u}}{dy}$	層流境界層に比べて大きい 発生要因：流体の粘性（分子粘性） $+$ 乱れ運動による粘性（レイノルズ応力） $\tau = \tau_V + \tau_R$ $\quad = \mu\dfrac{d\bar{u}}{dy} - \rho\overline{u'v'}$ $\tau_V \ll \tau_R$ （ただし，粘性底層では流体の粘性（分子粘性）τ_V のみ）
壁面せん断応力 τ_w	乱流境界層に比べて小さい	層流境界層に比べて大きい
混合・拡散作用	小さなスケールで弱い 発生要因：分子運動（ブラウン運動）	大きなスケールで激しい 発生要因：乱れ運動（渦運動） （粘性底層は層流と同様）
はく離のしやすさ	乱流境界層に比べてはく離しやすい	層流境界層に比べてはく離しにくい

もとづく大きなせん断応力が生じる．この領域Ⅱが粘性底層である．すなわち，乱流境界層であっても，表面のごく近傍には粘性底層とよばれる層流状態の薄い層が存在し，その領域の大きな速度勾配によって，表面のごく近傍では，粘性による大きなせん断応力が発生する．壁面せん断応力が層流よりも乱流のほうが大きくなる理由は，この粘性底層の存在にある．

　境界層のはく離は，表面近くの流体が摩擦によってエネルギーを失うことが原因である．乱流は流れを激しく混合・拡散する作用があるので，乱流境界層では，表面近傍のエネルギーを失った速度の遅い流体と，表面から離れたエネルギーの大きな速い

流体が頻繁に交換される．これは，前項で述べた吹出しや吸込みによるはく離防止方法と同じ効果をもたらす．したがって，一般に層流に比べて乱流のほうがはく離しにくい．

8.3 円柱と球まわりの流れ

■8.3.1　円柱まわりの流れと渦列後流

代表的な二次元柱状物体まわりの流れとして，円柱まわりの流れをとりあげる．流れのようすはレイノルズ数 $Re = Ud/\nu$ によって変化する．ここで，U は一様流速，d は円柱直径，ν は流体の動粘度である．図 8.12 に各レイノルズ数に対応する円柱後流の概略を示す．

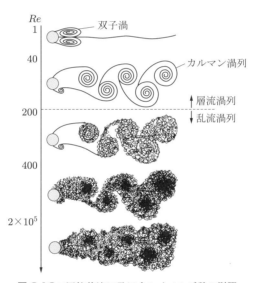

図 8.12 ▪ 円柱後流に及ぼすレイノルズ数の影響

$Re \ll 1$ のような非常に遅い流れでは，流れは円柱からはく離することなく，後方よどみ点まで円柱表面に沿って流れ，下流には定常な層流状態の後流が形成される．Re がおよそ 1 を超えると，円柱表面の層流境界層ははく離し，円柱背後に安定した双子渦 (twin vortices) が形成される．双子渦の大きさは，Re の増加とともに大きくなり，やがて Re がおよそ 40 を超えると，双子渦は不安定な振動を始める．そして，さらに Re を上げていくと，円柱背後の渦は交互に周期的に放出され，物体の下流には互いに逆回転する渦が互い違いに規則的に並んだ渦列後流 (vortex street wake) が形成される．

カルマン[†]は，1911年，円柱後流に形成される渦列が安定して存在する条件を理論的に求めた．その結果，渦の主流方向の間隔をa，主流と垂直な間隔をbとするとき，$b/a = 0.281$ となるような互い違いの配列のときだけ渦列が安定に存在することを明らかにした．そこで，この円柱後流のように，物体から渦が交互に周期的に放出され，下流に互い違いに並んだ千鳥配列状の渦列が形成される場合，このような渦列をカルマン渦列 (Karman vortex street) という．また，カルマン渦列を構成する渦を，カルマン渦という．

カルマン渦列は，物体から周期的に放出された渦によって構成されている．このとき，一つのはく離点からの渦放出周波数は，後流において同じ回転方向の渦が通過する周波数と一致する．その周波数を f [Hz] とすると，f は物体の代表長さ L や流速 U に依存する．そこで，L や U を用いて無次元周波数 $St = fL/U$ を定義する．St をストローハル数 (Strouhal number) という．一般に，円柱では L として直径 d を用いる．次項の図 8.14 に示すように，St はレイノルズ数の関数となるが，円柱の場合，$10^3 \leq Re \leq 10^5$ では $St \fallingdotseq 0.2$ となることが知られている．

Re がおよそ 200 以下のカルマン渦列は，はく離せん断層が層流状態を保ったまま巻き上がって形成されたもので，渦の内部も乱れのない層流状態になっている．したがって，後流内部の速度変動波形は，周期的な渦配列にもとづく正弦波状の波形のみとなる．このような渦列を層流渦列 (laminar vortex street) という．Re がおよそ数百を超えると，はく離せん断層は巻き上がり時に乱流遷移し，渦内部にはさまざまな不規則変動が生じる．このような状態の渦列を乱流渦列 (turbulent vortex street) という．このとき，後流の速度変動を計測すると，周期的な正弦波状の波形に，不規則に乱れた波形が重畳したものとなる．

Re をさらに大きくしていくと，渦列内の不規則変動成分は増加し，しだいに周期成分よりも不規則成分のほうが大きくなり，速度変動波形には周期的な正弦波状の波形が確認できなくなる．しかし，$Re > 10^7$ の高いレイノルズ数であっても，後流内に渦列の存在することが確認されている．

■8.3.2　円柱まわりの流れと圧力分布

図 8.13 は，上半分に円柱まわりの流れ（流線）を，下半分に円柱表面上にはたらく圧力 p の分布を模式的に示したものである．

[†]　Theodore von Karman，1881〜1963 年．ハンガリーの航空工学者．

主流静圧
p_0

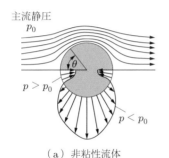

$p > p_0$

$p < p_0$

（a）非粘性流体

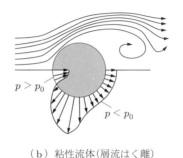

$p > p_0$

$p < p_0$

（b）粘性流体（層流はく離）

図 8.13 ■ 円柱まわりの流線（上半分）と圧力分布（下半分）

主流の静圧を p_0 とし，$p > p_0$ となる圧力を円柱の内側に向かうベクトルで，$p < p_0$ となる圧力を円柱の外側に向かうベクトルで表している．非粘性流体ははく離することなく，エネルギー損失もない．したがって，円柱表面の周速度 u_θ と圧力 p は，ベルヌーイの定理に従う．ここで，前方よどみ点からの角度を θ とすると，$u_\theta = 2U \sin\theta$ となることが知られており，流線も圧力分布も上下対称かつ左右対称となる．その結果，円柱表面にはたらくベクトルは上下方向も左右方向も打ち消され，圧力によって流体力は生じない．さらに，非粘性流体では摩擦力も生じない．したがって，非粘性流体では，物体に抗力は生じない．これは，実在流体（粘性流体）でみられる現象と大きく異なることであり，これをダランベールのパラドックス (d'Alembert's paradox) という．

流体に粘性がある場合は，8.2.4 項で述べたように，円柱表面の途中ではく離する．層流はく離の場合，はく離点は前方よどみ点からおよそ $\theta = 80°$ の位置となる．はく離すると，はく離点の下流側にできるはく離領域の圧力は，8.2.5 項で述べたように低圧 ($p < p_0$) の状態を保つ．したがって，圧力分布は左右非対称となり，全体として右向きのベクトル成分が優勢となり，これが大きな圧力抗力の発生原因となる．

図 8.14 に，円柱の抗力係数 C_D とストローハル数 St のレイノルズ数 Re に対する影響を示す．Re が非常に小さく，渦放出の起こらない $Re < 10$ において，C_D は，ほぼ Re に反比例するように減少している．この Re 領域は，粘性の影響が強く，圧力抗力よりも摩擦抗力の割合が高い領域といえる．Re は一様流速 U に比例するので，C_D と U は反比例の関係といえる．したがって，この Re 領域の抗力 D は，式 (8.2) より，$D = C_D (1/2) \rho U^2 A$ の関係から，U に比例することがわかる．

一方，$10^3 < Re < 2 \times 10^5$ では，$C_D = 1.0 \sim 1.2$ のほぼ一定値となっている．この Re 領域では，円柱表面で層流はく離が起こり，比較的安定した渦放出が行われてい

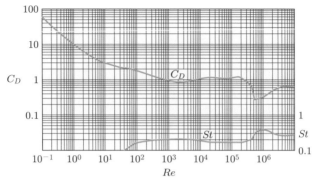

図 8.14 ▪ 円柱の抗力係数とストローハル数

る．その結果，ストローハル数も安定しており，$St = 0.18 \sim 0.24$ の範囲でほぼ一定値となっている．また，C_D が一定であるため，抗力 D は U^2 に比例することがわかる．

　Re がおよそ 2×10^5 を超えると，C_D は急激に減少し，St は急激に上昇している．これは，Re の上昇によって流れが乱流に遷移するためである．すなわち，Re がおよそ 2×10^5 を超えると，およそ $\theta = 80°$ で層流はく離していたはく離せん断層は，はく離直後に乱流に遷移する．はく離せん断層が乱流化すると，エネルギーの大きな流体が円柱表面近くに運ばれるため，一度はく離したせん断層は再び円柱表面に付着する．これを再付着 (reattachment) という．再付着した流れは円柱表面上に乱流境界層を形成するが，乱流境界層ははく離しにくいため，およそ $\theta = 110 \sim 130°$ の位置まで円柱に沿って流れ，ここで再度はく離する．したがって，再付着現象が起こると，はく離点の位置が急激に下流側に移動し，その結果，低圧なはく離領域が急に狭くなることによって抗力が急激に減少する．さらに，はく離領域が狭くなったことで，そこに形成される渦も小さくなり，渦放出周波数が増加する．これが，Re がおよそ 2×10^5 を超えると，C_D は急激に減少し，St は急激に上昇する理由である．

　このように，はく離点の急激な移動により抗力が急減するレイノルズ数を，抗力に関しての臨界レイノルズ数という．8.2.5 項では，ゴルフボールの表面をディンプル加工することによって，表面上の流れが強制的に乱流化して抗力が低減することを説明したが，これは，ディンプルによって臨界レイノルズ数を低減させたことに相当する．

▪8.3.3　球まわりの流れ

　球まわりの流れも，円柱と同様にレイノルズ数 Re によって変化する．図 8.15 に，各レイノルズ数に対応する球後流の概略を示す．

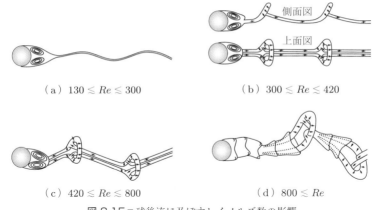

(a) $130 \lesssim Re \lesssim 300$　　　　　　(b) $300 \lesssim Re \lesssim 420$

(c) $420 \lesssim Re \lesssim 800$　　　　　　(d) $800 \lesssim Re$

図 8.15 ▪ 球後流に及ぼすレイノルズ数の影響

Re がおよそ 130 以下では，球背後に小さな渦が形成されるが，その渦は下流に放出されることなく，後流は定常な状態を保つ．ところが，Re がおよそ 130 を超えると，後流が揺動し始め，Re がおよそ 300 を超えると，ヘアピン状の渦が周期的に放出されるようになる．Re がおよそ 420 を超えると，この渦の放出方向に不規則性が現れ，Re がおよそ 480 を超えると渦は後流中心軸まわりにゆっくりと回転しながら流下する．さらに，Re がおよそ 800 を超えると，球表面から筒状にはく離した流れに周期性が生じるとともに，球後部から乱流化した状態で渦が放出され，これらの流れが複雑に絡み合った状態で流下し，大きく揺動した後流を形成する．

　ヘアピン渦の放出方向の不規則性は，球に生じる揚力変動の不規則性をもたらす．次項で述べるように，球を回転させるとマグナス効果 (Magnus effect) により安定した一方向の揚力を発生するが，回転のない球の場合は，渦放出方向の不規則性によって不規則な方向に揚力変動が生じる．したがって，野球やサッカーでボールを回転させると，なめらかな弧を描くカーブやバナナシュートになるが，無回転のボールは，ナックルや無回転シュートとよばれる不規則にぶれながら飛ぶボールとなる．

　図 8.16 に，球の抗力係数 C_D のレイノルズ数 Re に対する影響を示す．C_D の値は円柱よりも小さいが，その変化傾向は円柱と基本的に同様である．なお，$Re < 1$ のときは，$C_D = 24/Re$ で表されることがわかる．これはストークスの抵抗法則 (Stokes' law of resistance) といい，粘性流体の運動方程式（ナビエ・ストークスの式）において，Re が非常に小さく，粘性の影響が支配的であると仮定して導かれたものである．

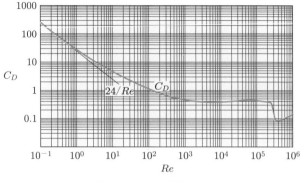

図 8.16 ■ 球の抗力係数

■8.3.4 回転する円柱や球まわりの流れ

　非粘性流体では，流れを単純に重ね合わせることができる．図 8.17（a），（b）の左側は，非粘性流体における円柱まわりの流れと，負の循環（時計まわり）による流れを示している．

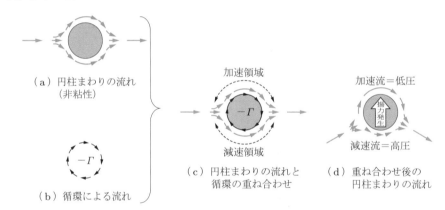

図 8.17 ■ 円柱まわりの流れと循環の重ね合わせ

　円柱まわりの流れでは，前方よどみ点で上下に分かれた流体は，円柱表面に沿って下流方向に流れ，後方よどみ点で合流する．また，負の循環による流れは，右まわりに旋回する流れとなる．ここで，円柱まわりの流れと負の循環を重ね合わせると，図 8.17（c）となる．すなわち，円柱上面では，円柱まわりの流れと，循環による流れの向きは一致するため，重ね合わせ後の円柱上面の流れは加算されて加速する．

　一方，円柱下面では，円柱まわりの流れと，循環による流れの向きは逆向きなため，重ね合わせ後の円柱下面の流れは減算されて減速する．また，よどみ点は速度ゼロとなる円柱表面上の点であるので，重ね合わせ前によどみ点になっていた場所は，循環に

よる速度が加算されるため，重ね合わせ後はよどみ点ではなくなる．すなわち，よどみ点は，流れの重ね合わせによって速度が打ち消される円柱下面に移動することになる．したがって，円柱まわりの流れと循環を重ね合わせると，図 8.17 (d) のような流れが得られる．つまり，前方よどみ点も後方よどみ点も，円柱の下面側に移動し，前方よどみ点で上面と下面に分かれた流体は，円柱上面では加速され，円柱下面では減速される．このとき，ベルヌーイの定理から，加速された円柱上面の圧力は低下し，減速された円柱下面の圧力は増加するので，円柱は高圧側から低圧側に向かって揚力を受けることになる．このように，密度 ρ の一様流速 U の流れのなかに，循環 Γ のある物体を置くと，物体には以下の式で示す揚力 L が単位長さあたりに発生する．これをクッタ・ジューコフスキーの定理 (Kutta-Joukowski's theorem) といい，次式で表される．

$$L = -\rho U \Gamma \tag{8.7}$$

ここで，右辺の負号 (−) は，図 8.17 に示したように，右まわり（負）の循環の場合は上向き（正）の揚力が発生することを意味している．

一方，粘性流体中で直径 d の円柱を角速度 ω で回転させると，円柱には式 (8.7) で示した揚力 L が単位長さあたりに発生する．これは，粘性の滑りなし条件により，円柱表面の流体は円柱表面に付着して円柱表面の周速度 $V_\theta = d/2\omega$ で回転運動するためである．すなわち，円柱表面の流体の循環は，

$$\Gamma = \pi d V_\theta = \frac{\pi}{2} \omega d^2 \tag{8.8}$$

となるので，式 (8.7) より，

$$L = -\frac{\pi}{2} \rho U \omega d^2 \tag{8.9}$$

の揚力が得られる．このように，実在流れのなかで物体を回転させると，物体には揚力が発生する．これをマグナス効果という．野球のカーブやサッカーのバナナシュートは，ボールに与えた回転がマグナス効果をもたらしたことによる．

8.4　翼まわりの流れ

■8.4.1　翼の基本構造

一般に，大きな揚力の発生を目的とした物体を翼 (wing) という．翼の断面形状を翼形 (airfoil) といい，その代表的な形状を図 8.18 に示す．前縁 (leading edge) と後縁

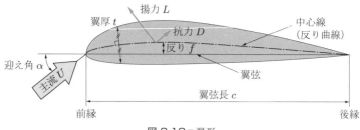

図 8.18 ■ 翼形

(trailing edge) を結んだ直線を翼弦 (chord) といい，主流と翼弦のなす角 α を迎え角 (attack angle) という．翼厚 (profile thickness) t の中央を結んだ中心線は，翼弦よりも上に膨らませることが多い．この膨らみ量を反り (camber) f といい，中心線は反りの大きさを表しているので反り曲線 (camber line) ともいう．また，一般に，前縁は丸く，後縁は鋭く尖った形状にすることが多い．その理由は次項で述べる．

　翼形の大きさを決める代表長さには，慣例的に翼弦長 (chord length) c を用いる．したがって，幾何学的なパラメータは，反り比 f/c，翼厚比 t/c などのように，c で無次元化して表す．翼性能にとって，とくに重要な幾何学的パラメータは，最大反り比と最大翼厚比，およびそれらの翼弦上の位置である．また，揚力や抗力を無次元化する場合は，代表面積として，翼を上方からみた上面投影面積である翼面積 (wing area) S を用いる．8.1.2 項では，代表面積として主流方向からみた前面投影面積 A を用いているが，翼の場合に限っては翼面積 S を用いるので注意が必要である．これは，翼の場合，揚力性能は A よりも S の影響が大きいためである．また，二次元の翼形では，翼スパン方向の長さは単位長さ 1 を用いるので，その際の翼面積は $S = c \times 1$ となり，二次元翼の揚力係数 C_L および抗力係数 C_D は，次式で表される．

$$C_L = \frac{L}{\frac{1}{2}\rho U^2 c} \tag{8.10}$$

$$C_D = \frac{D}{\frac{1}{2}\rho U^2 c} \tag{8.11}$$

■8.4.2　翼の揚力発生メカニズム

　8.1.3 項で述べたように，物体に流体力が生じると，作用・反作用の法則により，流体には物体にはたらく流体力と反対向きの力がはたらき，流体の運動量が変化する．したがって，翼に上向きの揚力が生じると，翼のまわりを流れる流体は下向きに力を

受け，下向きの運動量が増加する．そこで，翼を通過した流体の鉛直方向の運動量変化から，揚力を求めることができる．この考え方は物理的に正しく，この方法で揚力発生メカニズムを説明することもある．しかし，循環を用いるほうが，8.3.4項で述べたクッタ・ジューコフスキーの定理により，容易に揚力を求めることができるため，ここでは循環を用いて揚力発生メカニズムを説明する．

　静止した粘性流体中に，前縁が丸く，後縁が鋭く尖った反りのない翼を，迎え角をつけた状態で設置した場合を考える．この翼を，ある瞬間に速度 U で左方向に動かす．このときのようすを図8.19に示す．翼が動き出す直前においては，まだ翼と流体との間に相対速度は生じていないので，速度勾配はなく，粘性流体であっても粘性の影響は生じない．したがって，翼が動き出す瞬間は，同図 (a) のように非粘性流体と同様な流れが形成される．すなわち，翼上面に後方よどみ点が形成され，翼上面と翼下面を流れる流体は，途中ではく離することなく後方よどみ点で合流するように流れ始める．しかし，翼が動き始めると，翼と流体との間に相対速度が生じ，速度勾配が大きくなるため，粘性の影響が現れ，はく離しやすくなる．その結果，同図 (b) のように翼下面の流れは翼上面に生じた後方よどみ点に向かって流れようとするが，鋭く尖った後縁をまわり込むことはできず，そこではく離し，後縁から渦層が放出される．

(a) 動き出す瞬間の流れ

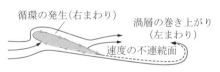

(b) 動き出した直後の流れ

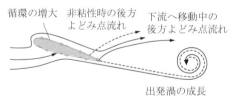

(c) 後方よどみ点が下流に
　　移動しつつある流れ

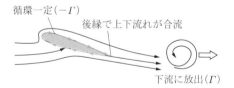

(d) 後方よどみ点が後縁に
　　到達した直後の流れ

図8.19 ■静止した粘性流体中で翼を突然動かしたときの流れ

　この渦層は，後方で巻き上がり，左まわりの循環 Γ の渦が形成される．このとき，運動量と同様に流れ場の循環は保存される．これをケルビンの循環定理 (Kelvin's circulation theorem) という．翼を動かすまえの静止流体中に循環は存在しなかったので，翼後方に循環 Γ の渦が生じると，この循環定理によって，それを打ち消すような逆向きの循

環 $-\Gamma$ が，翼のまわりに生じなくてはならない．すなわち，粘性流体中で翼を瞬間的に左方向に動かすと，翼の後方には左まわりの循環 Γ の渦が発生し，翼のまわりには右まわりの循環 $-\Gamma$ が生じる．翼を動かした瞬間に翼後方に発生する渦を出発渦 (starting vortex) といい，翼のまわりに循環をもたらす仮想的な渦を束縛渦 (bound vortex) という．このように，翼は，回転させなくてもそのまわりに循環が生じる物体であるといえる．

翼のまわりに循環 $-\Gamma$ が生じると，8.3.4 項で述べたように翼上面の流れは加速し，翼下面の流れは減速する．そして，ベルヌーイの定理によって翼上面は低圧，翼下面は高圧となり，揚力が発生する．このとき，揚力 L の大きさは，クッタ・ジューコフスキーの定理により，次式で与えられる．

$$L = -\rho U(-\Gamma) = \rho U \Gamma \tag{8.12}$$

さてつぎに，翼のまわりに生じる循環の大きさを決めるメカニズムを説明する．翼のまわりに $-\Gamma$ の循環が生じると，翼上面に生じた後方よどみ点は下流側に移動する．しかし，図 8.19 (c) のように後方よどみ点が翼上面に存在する間は，後方よどみ点で翼上面の流れと合流しようとする翼下面の流れは，尖った翼後縁をまわり込むことはできず，後縁ではく離し続ける．その結果，翼下面の流れは翼上面にある後方よどみ点に到達することはできず，渦層となって出発渦にとり込まれ続ける．すなわち，これは，出発渦が成長し続け，翼まわりの循環も増加し続けることを意味する．翼まわりの循環が増加すると，翼上面の後方よどみ点の位置は下流に移動するので，後方よどみ点はいずれ翼後縁に到達することになる．同図 (d) のように後方よどみ点が翼後縁に到達すると，翼下面の流れと翼上面の流れが後縁でなめらかに合流できるようになり，それまで翼下面の流れが後縁ではく離することによって形成されていた渦層が消失する．その結果，渦層をとり込んで成長してきた出発渦の成長は止まり，翼まわりの循環の増大も停止し，循環の大きさは一定となり，後方よどみ点の位置も後縁に固定される．すなわち，翼まわりに生じる循環の大きさは，後方よどみ点が翼後縁に達するまで増加し，その結果，後縁で翼上面と翼下面の流れの速度が一致し，両者がなめらかに合流できるように決まることがわかる．このように，翼まわりに生じる循環の大きさを決める条件を，クッタ・ジューコフスキーの条件 (Kutta-Joukowski's condition) という．

出発渦は，翼まわりの循環が一定となり，揚力が一定となったあとはそれ以上成長することはできず，翼後方から下流に離れていく．したがって，飛行機が離陸すると，出発渦が滑走路にとり残されることがある．とくに，大型の飛行機が離陸した際には，

大きくて強い出発渦が滑走路にとり残される．そのとき，小型飛行機が同じ滑走路で離着陸しようとすると，この出発渦に巻き込まれて操縦不能になる可能性があり，非常に危険である．出発渦の残存時間は，とくに無風状態の好天時に長いので，そのような場合は離着陸間隔を長くする必要がある．

　もし，空気に粘性がなければ，翼後縁のはく離は起こらず，出発渦は形成されない．したがって，翼に循環が生じることはなく，クッタ・ジューコフスキーの定理による揚力も生じない．粘性は飛行機の空気抵抗や失速の原因になるが，じつは粘性がなければ飛行機はまったく飛ぶことができないのである．このように，粘性は，身近な流れのなかでさまざまな役割を担っている．

■8.4.3　迎え角・翼形状と翼性能

　翼に大きな揚力を発生させるためには，翼まわりに生じる循環を大きくすればよい．翼まわりの循環の大きさは，クッタ・ジューコフスキーの条件により，翼後縁が後方よどみ点となるように決まる．翼が動き出す瞬間で，循環がまだ生じていないときの後方よどみ点の位置は，非粘性流体のときと同じ位置にあり，翼が動き出し，循環が大きくなると後方よどみ点の位置はそこから下流側に移動する．したがって，後方よどみ点が翼後縁に到達するのに必要な循環は，非粘性流体のときに形成される後方よどみ点の位置と翼後縁の距離が長いほど大きくなる．つまり，非粘性流体のときに形成される後方よどみ点が，後縁から遠くなるように，翼上面のできるだけ上流側に形成されるようにすると，大きな揚力が得られる．迎え角 α を大きくしたり，翼に反りを与えると揚力は増加するが，これは非粘性流体のときに形成される後方よどみ点が，翼上面の上流側にできるためである．

　ただし，α を大きくしすぎると，前方よどみ点から分かれて翼上面に向かう流れが翼前縁付近ではく離し，揚力の急減少と抗力の急増大が起こる．これを失速 (stall) といい，そのときの迎え角を失速角 (angle of stall) という．したがって，一般に翼前縁が丸いのは，前縁でのはく離を起こりにくくし，失速を防止するためである．また，反りが大きすぎると，翼上面中央より下流側ではく離が起こりやすく，失速するおそれがある．したがって，反りの大きさにも限度がある．翼のはく離を防止し，失速しにくくする方法として，8.2.5 項と同様に，翼表面に突起をつけ，翼表面の流れを乱流化する方法や，スラットとよばれる吹出しを用いる方法などが実用化されている．

　一方，翼後縁では，翼下面の流れを確実にはく離させる必要がある．もし，翼後縁が丸くてはく離しにくい形状であると，翼下面の流れは後縁を多少曲がることができ，

後縁よりも翼上面の上流側に近い位置で翼上面の流れと合流し，そこに後方よどみ点が固定されてしまう可能性がある．この場合，後方よどみ点の移動距離は短くなるため，その短くなった分だけ循環の発生も減少する．したがって，翼下面の流れを確実に後縁ではく離させ，後方よどみ点を確実に後縁に固定するほうが揚力は大きくなる．そこで，翼後縁形状は，一般にはく離しやすい尖った形状になっている．

演習問題

8.1　一様流速 $U = 20\,\mathrm{m/s}$ の空気（密度 $\rho = 1.2\,\mathrm{kg/m^3}$）の流れのなかに，直径 $d = 30\,\mathrm{cm}$，軸の長さ $l = 6\,\mathrm{m}$ の円柱が流れに垂直に置かれている．以下の問いに答えよ．

  （1）　円柱のストローハル数 St が 0.2 のとき，この円柱からの渦放出周波数 f を求めよ．

  （2）　この円柱を回転数 $n = 3000\,\mathrm{rpm}$ で回転させたとき，円柱にはたらく揚力 L を求めよ．

8.2　層流境界層の速度分布 u が以下の式で示されるとき，壁面せん断応力 τ_w，境界層の排除厚さ δ^*，運動量厚さ θ を求めよ．ただし，主流の一様流速を U，境界層の厚さを δ，流体の粘度を μ とし，$U = 6\,\mathrm{m/s}$，$\delta = 12\,\mathrm{mm}$，$\mu = 1.3 \times 10^{-3}\,\mathrm{Pa \cdot s}$ とする．

$$u = U\left[\frac{2y}{\delta} - \left(\frac{y}{\delta}\right)^2\right] \qquad (0 \leqq y \leqq \delta)$$

8.3　身長 $l = 175\,\mathrm{cm}$ の人間が，風速 $U = 40\,\mathrm{m/s}$ の風に吹かれたとき，この人間にはたらく抗力 D を求めよ．ただし，人間の抗力係数 C_D や投影面積 A は，アスペクト比 l/d が 7 の円柱と同等であると仮定し，表 8.2 から求めよ．なお，空気の密度は $\rho = 1.23\,\mathrm{kg/m^3}$ とする．

8.4　貯水池に一時的に泥水が流入し，貯水池の水が濁った．池の水深が $L = 2\,\mathrm{m}$，懸濁物（球形）の最小粒径が $d = 8\,\mathrm{\mu m}$ のとき，水が清く澄むまでに要する時間 T を求めよ．ただし，懸濁粒子の比重は $s = 3$，水の粘度は $\mu_w = 1.3 \times 10^{-3}\,\mathrm{Pa \cdot s}$，水の密度は $\rho_w = 1000\,\mathrm{kg/m^3}$，重力加速度は $g = 9.8\,\mathrm{m/s^2}$ とする．なお，懸濁粒子の抗力係数は，ストークスの抵抗法則が使えることをはじめに仮定し，その仮定適用の可否も検討せよ．

8.5　翼面積 $S = 16\,\mathrm{m^2}$，揚力係数 $C_L = 0.85$，質量 $m = 20\,\mathrm{kg}$ のハンググライダーがある．体重 $W = 60\,\mathrm{kg}$ の人間が無風状態で離陸するのに必要な滑走速度 V を求めよ．ただし，空気密度 $\rho = 1.25\,\mathrm{kg/m^3}$，重力加速度 $g = 9.8\,\mathrm{m/s^2}$ とする．

演習問題解答

第1章

1.1 水の密度を $\rho_w = 1000\,\mathrm{kg/m^3}$ とすると,原油の密度 ρ,比体積 v,比重 S は,次式となる.

$$\rho = \frac{m}{V} = \frac{15\,\mathrm{kg}}{18 \times 10^{-3}\,\mathrm{m^3}} = 833\,\mathrm{kg/m^3}$$

$$v = \frac{1}{\rho} = \frac{1}{833\,\mathrm{kg/m^3}} = 1.20 \times 10^{-3}\,\mathrm{m^3/kg}$$

$$S = \frac{\rho}{\rho_w} = \frac{833\,\mathrm{kg/m^3}}{1000\,\mathrm{kg/m^3}} = 0.833$$

1.2 気体の状態方程式 $p = \rho RT$ より,密度 ρ は次式となる.

$$\rho = \frac{p}{RT} = \frac{101.3 \times 10^3\,\mathrm{N/m^2}}{287\,\mathrm{N \cdot m/(kg \cdot K)} \times (273 + 15)\,\mathrm{K}} = 1.23\,\mathrm{kg/m^3}$$

1.3 タイヤ内の空気の密度を ρ とすると,タイヤの体積とタイヤ内の空気の質量は一定であるので,温度上昇前後で $\rho = \mathrm{const.}$(一定)となる.よって,状態方程式 $p = \rho RT$ より,

$$\frac{p}{T} = \mathrm{const.}$$

となる.温度上昇前後の状態を添字 1,2 とすると,温度上昇後のタイヤ内の圧力は,つぎのように求められる.

$$p_2 = p_1 \frac{T_2}{T_1} = 381 \times 10^3\,\mathrm{N/m^2} \times \frac{(273 + 40)\,\mathrm{K}}{(273 + 15)\,\mathrm{K}} = 414\,\mathrm{kPa}$$

1.4 (1) 体積弾性係数 K の式 (1.21) より,次式となる.

$$\Delta p = -K \frac{\Delta V}{V} = 2.06 \times 10^9\,\mathrm{N/m^2} \times \frac{1}{100} = 20.6\,\mathrm{MPa}$$

(2) (1) と同様にして,次式となる.

$$\Delta p = -K \frac{\Delta V}{V} = 0.14 \times 10^6\,\mathrm{N/m^2} \times \frac{1}{100} = 1.40\,\mathrm{kPa}$$

1.5 解図 1.1 に示すように,水平軸から角度 θ の位置における半球上の微小面積は,$R\,d\theta$ となる(奥行き長さを単位長さとする).この微小面積に作用する大気圧による力は,$p_\infty R\,d\theta$ であるので,水平方向成分は $p_\infty R\,d\theta\cos\theta$ となる.この力に周の長さ $2\pi R\sin\theta$ を掛けた値を,$\theta = 0$(水平軸)から $\pi/2$(垂直軸)まで積分すると,大気圧が半球を水平方向に押す力

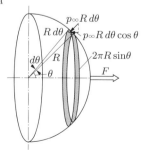

解図 1.1

が求められる．よって，二つの半球を左右に引っ張って分離するのに必要な力 F は，

$$F = \int_0^{\frac{\pi}{2}} 2\pi R \sin\theta \, p_\infty R \cos\theta \, d\theta$$

$$= 2\pi R^2 p_\infty \int_0^{\frac{\pi}{2}} \sin\theta \cos\theta \, d\theta = p_\infty \pi R^2$$

となる．この式より，半球を分離するのに必要な力 F は，半球を引っ張る方向からみた投影断面積 πR^2 に，大気圧 p_∞ を掛けた値に等しいことがわかる．

1.6　図 1.10 において，表面張力による力と，持ち上げられた液体の重量（重力）は釣り合っているので，次式より求められる．

$$\pi d\sigma \cos\theta = \left(\frac{\pi}{4} d^2 h\right) \rho g \qquad \therefore \quad h = \frac{4\sigma \cos\theta}{\rho g d}$$

第 2 章

2.1　図 2.23 に示す各点での圧力を，それぞれ p_A, p_B, p_C, p_D とすると，同一水平面上の B 点と C 点における圧力は等しいことより，

$$p_B = p_C$$

となる．ところで，B 点および C 点での圧力は，

$$p_B = p_A + \rho_w g(h_1 + h_2)$$
$$p_C = p_0 + \rho_{Hg} g h_1 = p_0 + s\rho_w g h_1$$

となる．これら三つの式より，

$$p_A = p_0 + \rho_w g[sh_1 - (h_1 + h_2)]$$
$$= 101.3 \times 10^3 \, \text{Pa} + 1000 \, \text{kg/m}^3 \times 9.8 \, \text{m/s}^2 \times [13.6 \times 0.6 \, \text{m} - (0.6 + 0.2) \, \text{m}]$$
$$= 173.42 \times 10^3 \, \text{Pa} = 173.4 \, \text{kPa} \quad \text{(abs)}$$

となり，ゲージ圧力で表すと，次式となる．

$$p_A = 173.42 \, \text{kPa} - 101.3 \, \text{kPa} = 72.1 \, \text{kPa}$$

2.2　（1）全圧力 F は，次式となる．

$$F = \rho_w g y_G A = \rho_w g H \frac{\pi d^2}{4}$$

（2）圧力中心 y_C は，次式となる．

$$y_C = y_G + \frac{I_G}{y_G A} = H + \frac{\frac{\pi d^4}{64}}{H \frac{\pi d^2}{4}} = H + \frac{d^2}{16H}$$

（3）全圧力 F による回転軸まわりのモーメント M は，

$$M = F(y_C - y_G) = \left(\rho_w g H \frac{\pi d^2}{4}\right) \times \left(\frac{d^2}{16H}\right) = \frac{\rho_w g \pi d^4}{64}$$

であるので，円形弁が回転しないようにするためには，M と逆向きのモーメントを円形弁に加えればよい．

2.3 （1） 海水の密度 ρ_{sw}，および氷の密度 ρ_{ice} は，海水の比重 S_{sw}，氷の比重 S_{ice} とすると，次式となる．

$$\rho_{sw} = S_{sw} \times \rho_w = 1.025 \times 1000\,\mathrm{kg/m^3} = 1025\,\mathrm{kg/m^3}$$

$$\rho_{ice} = S_{ice} \times \rho_w = 0.92 \times 1000\,\mathrm{kg/m^3} = 920\,\mathrm{kg/m^3}$$

（2） 氷塊の全重量 W は，海水面より下のある氷塊の体積を V とすると，

$$W = (18 + V)\rho_{ice}g$$

となる．氷塊にはたらく浮力 $B = \rho_{sw}Vg$，$W = B$ の関係式を用いると，

$$V = \frac{18\rho_{ice}}{\rho_{sw} - \rho_{ice}} = \frac{18\,\mathrm{m^3} \times 920\,\mathrm{kg/m^3}}{1025\,\mathrm{kg/m^3} - 920\,\mathrm{kg/m^3}} = 157.7\,\mathrm{m^3} = 158\,\mathrm{m^3}$$

となる．氷塊の全重量 W は，次式となる．

$$W = (18 + 157.7)\,\mathrm{m^3} \times 920\,\mathrm{kg/m^3} \times 9.8\,\mathrm{m/s^2} = 1.58 \times 10^6\,\mathrm{N} = 1.58\,\mathrm{MN}$$

2.4 式 (2.65) より，次式となる．

$$\alpha = g\tan\theta = g\tan30° = 0.58g$$

2.5 式 (2.86) より，

$$H = \frac{(\omega R)^2}{2g} = \frac{V_\theta{}^2}{2g}$$

となる．ところで，

$$V_\theta = \omega R = \frac{2\pi n}{60}R = 2 \times 3.14 \times \frac{80}{60} \times 0.3 = 2.51\,\mathrm{m/s}$$

となるので，次式となる．

$$H = \frac{2.51^2}{2 \times 9.8} = 0.32\,\mathrm{m}$$

第3章

3.1 流線の式 $dx/u = dy/v$ に与えられた u，v を代入すると，$dx/Ax = -dy/Ay$ となり，よって，$dx/x = -dy/y$ となる．この式を積分すると，

$$\log x = -\log y + \log C$$

となる．よって，$xy = C$ となる．この流線は，直角双曲線となり，直角の角部をまわる流れを表している．

3.2 平均流速は，次式となる．

$$V = \frac{Q}{A} = \frac{Q}{\pi r^2} = \frac{0.667 \times 10^{-3}\,\mathrm{m^3/s}}{3.14 \times 16^2 \times 10^{-6}\,\mathrm{m^2}} = 0.829\,\mathrm{m/s}$$

3.3 点 (x, y) にある流体粒子が，原点 $(0, 0)$ を中心として周速度 V_θ で反時計まわり（正回転）に回転運動している状態を考えると，x, y 方向の速度成分 u, v は，$u = -V_\theta\sin\theta = -V_\theta y/r$，

$v = V_\theta \cos\theta = V_\theta x/r$ と表される．剛体渦の場合，$V_\theta = r\omega$ であるので，$u = -r\omega y/r = -\omega y$，$v = r\omega x/r = \omega x$ となる．したがって，

$$\zeta = \frac{\partial v}{\partial x} - \frac{\partial u}{\partial y} = \frac{\partial(\omega x)}{\partial x} - \frac{\partial(-\omega y)}{\partial y} = \omega + \omega = 2\omega$$

となり，x, y の値にかかわらず，$\zeta = 2\omega$ の一定値となる．自由渦の場合，C を定数（$C = \Gamma/2\pi$）とし，$r^2 = x^2 + y^2 \neq 0$ とすると，$V_\theta = C/r$ であるので，$u = -Cy/r^2 = -Cy/(x^2+y^2)$，$v = Cx/r^2 = Cx/(x^2+y^2)$ となる．したがって，

$$\zeta = \frac{\partial}{\partial x}\frac{Cx}{x^2+y^2} - \frac{\partial}{\partial y}\frac{-Cy}{x^2+y^2} = \frac{C}{x^2+y^2} + \frac{-2Cx^2}{(x^2+y^2)^2} - \frac{-C}{x^2+y^2} - \frac{2Cy^2}{(x^2+y^2)^2}$$

$$= \frac{2C}{x^2+y^2} - \frac{2C(x^2+y^2)}{(x^2+y^2)^2} = 0$$

となり，$r = 0$ の渦中心を除き，x, y にかかわらず，すべての領域で $\zeta = 0$ となる．

3.4 （1） 流線の式 (3.1) に u, v を代入して整理すると，$(ax/2)\,dx = -(ay/2)\,dy$ となる．両辺を積分すると，$\int (ax/2)\,dx = -\int (ay/2)\,dy$ より，$ax^2 + ay^2 = C$ となる．C は任意定数なので，この式は $x^2 + y^2 = r^2$ と表すことができる．これは半径 r の円であるので，流線は原点を中心とする同心円で表される．また，第1象限（$x > 0$，$y > 0$）では与えられた u, v の式より（$u < 0$，$v > 0$）となるので，左上向きの速度となる（解図 3.1）．同様に，

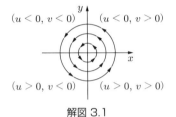

解図 3.1

第2, 3, 4象限ではそれぞれ（$u < 0$，$v < 0$），（$u > 0$，$v < 0$），（$u > 0$，$v > 0$）となるため，流れは左まわりの方向であることがわかる．

（2） 渦度の式 (3.39) より，つぎのようになる．

$$\zeta = \frac{\partial}{\partial x}\left(\frac{ax}{2}\right) - \frac{\partial}{\partial y}\left(-\frac{ay}{2}\right) = \frac{a}{2} + \frac{a}{2} = a > 0$$

よって，$\zeta \neq 0$ より渦あり流れである．

（3） 半径 $r = 2$ の流線を閉曲線 s とすると，その接線方向速度 V_s は

$$V_s = \sqrt{u^2 + v^2} = \frac{a}{2}\sqrt{x^2+y^2} = \frac{a}{2}r$$

となる．したがって，r が一定の s 上では V_s は定数となり，また流れ方向は左まわりであるので，Γ_1 を求める際の積分方向と V_s の方向は一致し，Γ_1 は正となる．よって，V_s の s 上の線積分によって求める Γ_1 は，つぎのように V_s と s の長さの積として求めることができる．

$$\Gamma_1 = V_s \times 2\pi r = \pi a r^2 = 4\pi a$$

一方，渦度 ζ は位置にかかわらず定数 $\zeta = a$ であるので，閉曲線 s の内部で渦度の面積積分から求める Γ_2 は，ζ と s 内部の面積の積として求めることができる．

$$\Gamma_2 = \zeta \times \pi r^2 = a\pi r^2 = 4\pi a$$

第 4 章

4.1　図 4.2 で，点 ①，② を通る流線に，高さ一定，密度一定とし，重力項を無視し，ベルヌーイの式を適用すると，

$$\frac{{V_1}^2}{2} + \frac{p_1}{\rho} = \frac{{V_2}^2}{2} + \frac{p_2}{\rho}$$

となり，よどみ点で $V_2 = 0$ となる．よって，よどみ点圧力 p_2 は，次式となる．

$$p_2 = p_1 + \frac{{V_1}^2}{2} \times \rho = 101.3\,\mathrm{kPa} + 4.27\,\mathrm{kPa} = 105.6\,\mathrm{kPa}$$

4.2　ノズル出口での水噴流の速度を V，噴流のノズル出口を基準とした到達高さを h，大気圧力を p_a とし，ベルヌーイの式を適用すると，

$$\frac{V^2}{2} + \frac{p_a}{\rho} + 0 = \frac{0^2}{2} + \frac{p_a}{\rho} + gh$$

となる．よって，水の最高到達高さが 20 m のときの速度 V は，

$$V = \sqrt{2gh} = \sqrt{2 \times 9.80\,\mathrm{m/s^2} \times 20\,\mathrm{m}} = 19.8\,\mathrm{m/s}$$

となる．同様に，水の最高到達高さが 40 m のときの速度 V は，次式となる．

$$V = \sqrt{2gh} = \sqrt{2 \times 9.80\,\mathrm{m/s^2} \times 40\,\mathrm{m}} = 28.0\,\mathrm{m/s}$$

4.3　図 4.3 に示す収縮管の中心を通る流線にベルヌーイの式を適用すると，

$$\frac{{V_1}^2}{2} + \frac{p_1}{\rho_w} = \frac{{V_2}^2}{2} + \frac{p_2}{\rho_w}$$

となる．連続の式より，$V_1 A_1 = V_2 A_2 = \mathrm{const.}$ となり，この式をベルヌーイの式に代入すると，

$$\frac{{V_1}^2}{2} + \frac{p_1}{\rho_w} = \frac{{V_1}^2}{2} \times \left(\frac{A_1}{A_2}\right)^2 + \frac{p_2}{\rho_w}$$

となる．よって，圧力差 $p_1 - p_2$ は，次式となる．

$$p_1 - p_2 = \rho_w \times \frac{{V_1}^2}{2}\left[\left(\frac{A_1}{A_2}\right)^2 - 1\right]$$
$$= 1000\,\mathrm{kg/m^3} \times \frac{1}{2}(3.5\,\mathrm{m/s})^2(4^2 - 1) = 91.9\,\mathrm{kPa}$$

4.4　添字 t をスロート位置とし，流量 Q，流速 V，断面積 A とすると，連続の式より，$Q = VA = V_t A_t = \mathrm{const.}$ となる．水平に置かれた水道管とベンチュリ管の中心を通る流線にベルヌーイの式を適用すると，

$$\frac{V^2}{2} + \frac{p}{\rho_w} = \frac{{V_t}^2}{2} + \frac{p_t}{\rho_w}$$

となり，この式より，

$$\Delta p = \frac{\rho_w}{2}({V_t}^2 - V^2)$$

となる．ここに，$\Delta p = p - p_t$ であり，この式に連続の式より得られた $V_t = Q/A_t$，$V = Q/A$ を代入すると，

$$\Delta p = \frac{\rho_w}{2}\left[\left(\frac{Q}{A_t}\right)^2 - \left(\frac{Q}{A}\right)^2\right] = \frac{\rho_w}{2}\left(\frac{1}{{A_t}^2} - \frac{1}{A^2}\right)Q^2 = \frac{8\rho_w}{\pi^2}\left(\frac{1}{{d_t}^4} - \frac{1}{d^4}\right)Q^2$$

となる．水銀の密度 ρ_{Hg}，水銀柱の高さ h とすると，圧力差は，$\Delta p = (\rho_{\mathrm{Hg}} - \rho_w)gh$ で表されるため，流出係数 $C = 1$ より，流量 Q は次式となる．

$$Q = \sqrt{\dfrac{(\rho_{\mathrm{Hg}} - \rho_w)gh}{\dfrac{8\rho_w}{\pi^2}\left(\dfrac{1}{d_t{}^4} - \dfrac{1}{d^4}\right)}} = 29.0 \times 10^{-3}\,\mathrm{m^3/s}$$

4.5 図 4.10 において，細管を通して水を吸い上げることのできるスロート部における圧力 p_1 の値（上限値）は，$(p_a - p_1) = \rho gh$ を満たす．断面①，②の間でベルヌーイの式を適用すると，

$$\dfrac{V_1{}^2}{2} + \dfrac{p_1}{\rho} = \dfrac{V_2{}^2}{2} + \dfrac{p_a}{\rho} \qquad \therefore \quad p_a - p_1 = \dfrac{\rho}{2}(V_1{}^2 - V_2{}^2) = \rho gh \qquad\qquad ①$$

となる．連続の式 $Q = V_1 A_1 = V_2 A_2 = \mathrm{const.}$ と，$A_1 = \pi d^2/4$，$A_2 = \pi D^2/4$ より，

$$V_1 = \dfrac{4Q}{\pi d^2}, \qquad V_2 = \dfrac{4Q}{\pi D^2}$$

となる．これらを式①に代入すると，

$$\dfrac{1}{2}\left(\dfrac{16Q^2}{\pi^2 d^4} - \dfrac{16Q^2}{\pi^2 D^4}\right) = \dfrac{8Q^2(D^4 - d^4)}{\pi^2 d^4 D^4} = gh$$

となる．よって，つぎのようになる．

$$\left(\dfrac{D}{d}\right)^4 = \dfrac{\pi^2 D^4 gh}{8Q^2} + 1 \qquad \therefore \quad d = \sqrt[4]{\dfrac{D^4}{\dfrac{\pi^2 D^4 gh}{8Q^2} + 1}} = \sqrt[4]{\dfrac{8Q^2 D^4}{\pi^2 D^4 gh + 8Q^2}}$$

4.6 図 4.11 に示す U 字管マノメータ内の同一水平上の A 点と B 点における圧力は等しいことより，

$$p_2 + \rho g(y + H) + \rho_{\mathrm{Hg}}gh = p_1 + \rho g(h + y)$$

$$\therefore \quad p_2 - p_1 = \rho g(h - H) - \rho_{\mathrm{Hg}}gh$$

となる．点①，②を通る流線に対してベルヌーイの式を適用すると，

$$\dfrac{V_1{}^2}{2} + \dfrac{p_1}{\rho} + 0 = \dfrac{V_2{}^2}{2} + \dfrac{p_2}{\rho} + gH$$

$$\therefore \quad V_1{}^2 - V_2{}^2 = \dfrac{2}{\rho}(p_2 - p_1) + 2gH = 2g(h - H) - \dfrac{\rho_{\mathrm{Hg}}}{\rho}2gh + 2gH = 2gh\left(1 - \dfrac{\rho_{\mathrm{Hg}}}{\rho}\right)$$

となる．連続の式 $Q = V_1 A_1 = V_2 A_2 = \mathrm{const.}$ を考慮すると，

$$V_1{}^2\left(1 - \dfrac{A_1{}^2}{A_2{}^2}\right) = 2gh\left(1 - \dfrac{\rho_{\mathrm{Hg}}}{\rho}\right)$$

となる．よって，流量 Q は次式となる．

$$Q = A_1 V_1 = A_1 \sqrt{2gh\left(1 - \dfrac{\rho_{\mathrm{Hg}}}{\rho}\right) \Big/ \left(1 - \dfrac{A_1{}^2}{A_2{}^2}\right)}$$

$$= \dfrac{\pi d_1{}^2}{4}\sqrt{2gh\left(1 - \dfrac{\rho_{\mathrm{Hg}}}{\rho}\right) \Big/ \left(1 - \dfrac{d_1{}^4}{d_2{}^4}\right)}$$

$$= \frac{3.14 \times (0.15\,\mathrm{m})^2}{4} \sqrt{2 \times 9.8 \times 0.09\,\mathrm{m^2/s^2} \times (1 - 13.1) \Big/ \left(1 - \frac{0.15^4}{0.07^4}\right)}$$

$$= 18.6 \times 10^{-3}\,\mathrm{m^3/s}$$

第5章

5.1 断面①–②間の流れははく離と乱れをともない，圧力損失が生じるが，流れは一次元流れであるとし，検査体積（断面①–②と管壁に囲まれた領域）間の複雑な流れ現象は考慮しない．断面①と断面②における圧力は，断面①と断面②上で一様であるとみなす．すると，運動量の式は，次式のようになる．

$$\rho A_1 U_1{}^2 + p_1 A_2 = \rho A_2 U_2{}^2 + p_2 A_2$$

5.2 船から見た川の流れ（ジェット入口に取り込まれる流れ）の相対速度は $u_1 = 12 + 5 = 17\,\mathrm{m/s}$，ジェット出口における噴流速度は川の流速とは無関係に $u_2 = 25\,\mathrm{m/s}$ で吐出されるとすると，推進力 T は，

$$T = -\rho Q(u_2 - u_1) = -1000\,\mathrm{kg/m^3} \times 0.2\,\mathrm{m^3/s} \times (25 - 17)\,\mathrm{m/s} = -1600\,\mathrm{N}$$

となる．ここで，負の符号は，川の流れと逆向きに推進力がはたらくことを意味する．

5.3 ノズルの断面積を A とし，式 (5.27) に従って推力 T を求める．鉛直方向を正とし，静置されたボトル上側の水面降下速度を u_1，出口からの噴流速度を u_2 とする．いま，$u_1 = 0$ と近似し，噴出流量を Q とすれば，質量流量 $M = \rho Q$ と表される．ここで，$Q = A u_2$ であるので，容器に作用する力（推力 T）は，式 (5.27) より，$T = -\rho Q(u_2 - u_1) = -\rho Q u_2 = -\rho A u_2{}^2$ と表される．これより，

$$T = -1000 \times \pi \times \left(\frac{25 \times 10^{-3}}{2}\right)^2 \times u_2{}^2$$

となる．打ち上げまえの自重 F は $1\,\mathrm{kg/L} \times 0.6\,\mathrm{L} \times 9.8\,\mathrm{m/s^2}$ であるから，自重と釣り合うためには，$F + T = 0$ となる．これより，$T = -F = -0.6 \times 9.8$ となって，$u_2 = 3.46\,\mathrm{m/s}$ が得られる．

5.4 式 (5.48)，(5.49) に，それぞれ $\theta_1 = 0$，$\theta_2 = 90°$ を代入すると，$f_x = p_1 A_1 + \rho A_1 U_1{}^2$，$f_y = -p_2 A_2 - A_2 U_2{}^2$ となる．断面積が変化しない場合は，$A_2 = A_1$，$U_2 = U_1$，$p_2 = p_1$ であるから，$f_x = p_1 A_1 + \rho A_1 U_1{}^2$，$f_y = -p_1 A_1 - \rho A_1 U_1{}^2$ となる．断面積が $1/2$ となる場合は，$A_2 = A_1/2$，$U_2 = 2U_1$ となる．ベルヌーイの式より，$p_1 + \rho U_1{}^2/2 = p_2 + \rho(2U_1)^2/2$ となるので，これを解くと $p_2 = p_1 - (3/2)\rho U_1{}^2$ となる．これらの関係を f_x，f_y に代入すると，次式となる．

$$f_x = p_1 A_1 + \rho A_1 U_1{}^2$$

$$f_y = -\left(p_1 - \frac{3}{2}\rho U_1{}^2\right)\frac{A_1}{2} - \rho\frac{A_1}{2}(2U_1)^2 = -\frac{A_1}{2}p_1 - \frac{5}{4}\rho A_1 U_1{}^2$$

5.5 （1） 曲面板に流入する噴流の単位時間あたりの運動量（x 方向 M_{x_1}，y 方向 M_{y_1}）はつぎのようになる．

$$M_{x_1} = \rho_w Q v = \rho_w \frac{\pi}{4} d^2 v^2, \qquad M_{y_1} = 0$$

曲面板から流出する噴流は，圧力は大気圧のままで変化せず，また摩擦や重力を無視するので，エネルギー損失や位置エネルギーの変化がないため，運動エネルギーは変化しない．したがって，流入速度と流出速度は一致する．よって，曲面板から流出する噴流の単位時間あたりの運動量は，つぎのようになる．

$$M_{x_2} = \rho_w Q(-v\cos\beta) = -\rho_w \frac{\pi}{4}d^2 v^2 \cos\beta$$

$$M_{y_2} = \rho_w Q(-v\sin\beta) = -\rho_w \frac{\pi}{4}d^2 v^2 \sin\beta$$

曲面板が噴流から受ける x，y 方向の力をそれぞれ F_x，F_y とすると，噴流は曲面板から $-F_x$，$-F_y$ の力を受ける．すなわち，噴流の流入前の運動量 M_{x_1}，M_{y_1} は，曲面板から $-F_x$，$-F_y$ の力を受け，流出後に M_{x_2}，M_{y_2} に変化したことになる．単位時間（$t=1$）における運動量変化は加えられた力に相当するので，つぎのようになる．

$$M_{x_1} + (-F_x) = M_{x_2}, \qquad M_{y_1} + (-F_y) = M_{y_2}$$

よって，つぎのように求められる．

$$F_x = M_{x_1} - M_{x_2} = \rho_w \frac{\pi}{4}d^2 v^2 (1 + \cos\beta)$$

$$F_y = M_{y_1} - M_{y_2} = \rho_w \frac{\pi}{4}d^2 v^2 \sin\beta$$

（2） 流入速度および流出速度が曲面板から見た相対速度 $v-u$ に変わる．それ以外は（1）と同様である．

$$F_x = \rho_w \frac{\pi}{4}d^2 (v-u)^2 (1 + \cos\beta)$$
$$= 1000 \times \frac{\pi}{4} \times 0.025^2 \times (15-6)^2 \times (1 + \cos 30°) = 74.2\,\text{N}$$

$$F_y = \rho_w \frac{\pi}{4}d^2 (v-u)^2 \sin\beta$$
$$= 1000 \times \frac{\pi}{4} \times 0.025^2 \times (15-6)^2 \times \sin 30° = 19.9\,\text{N}$$

第6章

6.1 動粘度の定義は，式 (1.20) より，$\nu = \mu/\rho$ となる．よって，次式となる．

- 水の動粘度 $\nu = \dfrac{\mu}{\rho} = \dfrac{1.519 \times 10^{-3}\,\text{Pa·s}}{1000\,\text{kg/m}^3} = 1.519 \times 10^{-6}\,\text{m}^2/\text{s}$

- 空気の動粘度 $\nu = \dfrac{\mu}{\rho} = \dfrac{1.734 \times 10^{-5}\,\text{Pa·s}}{1.270\,\text{kg/m}^3} = 1.365 \times 10^{-5}\,\text{m}^2/\text{s}$

6.2 レイノルズ数を計算すると，

$$Re = \frac{\overline{V} \times d}{\nu} = \frac{0.2 \times 0.015}{1.1 \times 10^{-6}} = 2.73 \times 10^3$$

となる．このレイノルズ数を得るための空気の流速は，次式となる．

$$\overline{V} = Re \times \frac{\nu}{d} = 2.73 \times 10^3 \times \frac{1.0 \times 10^{-5}}{0.015} = 1.82\,\text{m/s}$$

6.3 空気中を運動する球の速度は,

$$\overline{V} = \frac{140 \times 10^3}{3.6 \times 10^3} = 38.9\,\mathrm{m/s}$$

で, レイノルズ数は,

$$Re = \frac{\overline{V} \times d}{\nu} = \frac{38.9 \times 0.08}{1.5 \times 10^{-5}} = 2.07 \times 10^5$$

となる. これと同じ Re を得るための水中での球（直径 $4\,\mathrm{cm}$）の移動速度 V は, 次式となる.

$$V = Re \times \frac{\nu}{d} = 2.07 \times 10^5 \times \frac{1.0 \times 10^{-6}}{0.04} = 5.18\,\mathrm{m/s}$$

6.4 流体力（全合力）F を流れの方向と流れに垂直方向に分けると, 抗力 D と揚力 L が得られる. よって, 次式となる.

$$D = F\cos\theta = 40 \times \frac{\sqrt{3}}{2} = 34.6\,\mathrm{N}, \qquad L = F\sin\theta = 40 \times \frac{1}{2} = 20.0\,\mathrm{N}$$

第7章

7.1 流量 Q, 平均流速 u, およびレイノルズ数 Re は, $Q = V/t = 4 \times 10^{-3}/(2 \times 60) = 3.33 \times 10^{-5}\,\mathrm{m^3/s}$, $u = Q/A = 4Q/(\pi d^2) = 4 \times (3.33 \times 10^{-5})/(\pi \times 0.014^2) = 0.217\,\mathrm{m/s}$（$A$ は管の断面積）, $Re = du/\nu = 0.014 \times 0.217/(3 \times 10^{-6}) = 1013$ となり, $Re < 2300$. よって, 流れは層流である.

7.2 動粘度 ν は, $\nu = \mu/\rho = 0.001/1000 = 1 \times 10^{-6}\,\mathrm{m^2/s}$ となり, レイノルズ数 Re は, 流量 Q と断面積 A を用いて書くと, $Re = du/\nu = dQ/(\nu A)$ となる. 臨界レイノルズ数 Re_c を 2300 とすれば, 流量の最大値 Q_{max} および最小値 Q_{min} は, 次式となる.

$$Q_{max} = Re_c\,\nu\frac{A_A}{d_A} = 2300 \times (1 \times 10^{-6}) \times \frac{\pi \times 0.010^2}{4 \times 0.010}$$
$$= 1.81 \times 10^{-5}\,\mathrm{m^3/s} = 18.1\,\mathrm{mL/s}$$

$$Q_{min} = Re_c\,\nu\frac{A_B}{d_B} = 2300 \times (1 \times 10^{-6}) \times \frac{\pi \times 0.004^2}{4 \times 0.004}$$
$$= 7.23 \times 10^{-6}\,\mathrm{m^3/s} = 7.23\,\mathrm{mL/s}$$

7.3 レイノルズ数 $Re = Re_c$ とおいて, $Re_c = du/\nu = 0.015 \times 2/[30 \times 10^{-6} \times e^{-0.02 \times (t-40)}] = 2300$ となる. よって, 最高温度 t は, 次式となる.

$$t = 40 - \frac{1}{0.02} \times \ln\left(\frac{0.015 \times 2}{30 \times 10^{-6} \times 2300}\right) = 81.6\,\mathrm{℃}$$

7.4 管摩擦損失による圧力の降下 Δp を求めればよい. まず, 平均流速 u は,

$$u = \frac{Q}{A} = \frac{1}{60} \times \frac{4}{\pi \times 0.2^2} = 0.531\,\mathrm{m/s}$$

となり, 動粘度 $\nu = 1\,\mathrm{mm^2/s}$ として, レイノルズ数 Re は, $Re = du/\nu = 0.2 \times 0.531/(1 \times 10^{-6}) = 1.06 \times 10^5$ であるので乱流である. ニクラジェの式を用いると, 管摩擦係数 λ は,

$$\lambda = 0.0032 + 0.221Re^{-0.237} = 0.0032 + 0.221 \times (1.06 \times 10^5)^{-0.237} = 0.0174$$

となる．プラントル・カルマンの式を変形して，この λ を代入すると，

$$\lambda_{new} = \frac{1}{\left[2.0\log_{10}\left(Re\sqrt{\lambda_{old}}\right) - 0.8\right]^2}$$

$$= \left[2.0 \times \log_{10}\left(1.06 \times 10^5 \times \sqrt{0.0174}\right) - 0.8\right]^{-2} = 0.0178$$

となる．さらに，この λ を右辺に代入すると $\lambda = 0.0178$ となるので，解は収束していると判断できる（なお，最初に仮定する λ にブラジウスの式を用いて（$\lambda = 0.0175$）求めても，答は最終的に同じになる）．よって，この場合，圧力 p は，次式となる．

$$p = \lambda\frac{l}{d}\frac{\rho u^2}{2} = 0.0178 \times \frac{5 \times 10^3}{0.2}\frac{1000 \times 0.531^2}{2} = 6.27 \times 10^4\,\mathrm{Pa} = 62.7\,\mathrm{kPa}$$

7.5 レイノルズ数 Re が，$Re = du/\nu = 0.01 \times 0.1/(1 \times 10^{-6}) = 1000\ (< 2300)$ であるので層流である．よって，助走距離 L_i はブシネスクの式を用いると，

$$L_i = 0.065Re \times d = 0.065 \times 1000 \times 0.01 = 0.65\,\mathrm{m}$$

となる．このとき，損失係数 $\zeta_i = 1.24$ で与えられる．また，管摩擦係数 λ は，$\lambda = 64/Re = 64/1000 = 0.064$ となる．ゆえに，損失ヘッド h_d は，式 (7.34) より，

$$h_d = \lambda\frac{L_e}{d}\frac{u_1{}^2}{2g} + \frac{u_1{}^2}{2g} + \zeta_i\frac{u_1{}^2}{2g} = \left(\lambda\frac{L_e}{d} + 1 + \zeta_i\right)\frac{u_1{}^2}{2g}$$

$$= \left(0.064 \times \frac{0.65}{0.01} + 1 + 1.24\right) \times \frac{0.1^2}{2 \times 9.81} = 3.26 \times 10^{-3}\,\mathrm{m} = 3.26\,\mathrm{mm}$$

となる（なお，シラーの式を用いると，$L_i = 0.29\,\mathrm{m}$，$\zeta_i = 1.16$，$h_d = 2.05\,\mathrm{mm}$）．

7.6 平均流速 u は，$u = Q/A = (47/60)/(\pi \times 0.5^2/4) = 4.0\,\mathrm{m/s}$ となり，レイノルズ数 Re は，$Re = du/\nu = 0.5 \times 4/(1 \times 10^{-6}) = 2 \times 10^6$ となる．相対粗さは，コンクリート管（添字 c）の場合は，$k_s/d = 0.3/500 = 0.0006$ であり，鋼管（添字 s）の場合は，$k_s/d = 0.05/500 = 0.0001$ である．ムーディ線図より，レイノルズ数 $Re = 2 \times 10^6$ の管摩擦係数 λ を読みとると，それぞれ，$\lambda_c \fallingdotseq 0.017$，$\lambda_s \fallingdotseq 0.012$ となる．よって，圧力損失 Δp_c，Δp_s は，次式となる．

$$\Delta p_c = \lambda_c\frac{l}{d}\frac{\rho u^2}{2} = 0.017 \times \frac{100}{0.5} \times \frac{1000 \times 4^2}{2} = 2.72 \times 10^4\,\mathrm{Pa} = 27.2\,\mathrm{kPa}$$

$$\Delta p_s = \lambda_s\frac{l}{d}\frac{\rho u^2}{2} = 0.012 \times \frac{100}{0.5} \times \frac{1000 \times 4^2}{2} = 1.92 \times 10^4\,\mathrm{Pa} = 19.2\,\mathrm{kPa}$$

したがって，圧力損失はコンクリート管のほうが約 $8\,\mathrm{kPa}$ 大きい．

7.7 解図 7.1 の管の細いほうを添字 1 で，太いほうを添字 2 で表す．急拡大部の圧力損失 Δp_{ee} は，

$$\Delta p_{ee} = \left(1 - \frac{A_1}{A_2}\right)^2\frac{\rho u_1{}^2}{2} = \left(1 - \frac{d_1{}^2}{d_2{}^2}\right)^2\frac{\rho u_1{}^2}{2} = \left(1 - \frac{0.1^2}{0.2^2}\right)^2 \times \frac{1000 \times 0.01^2}{2}$$

（a）ディフューザ　　　（b）急拡大管

解図 7.1

$$= 0.0281\,\mathrm{Pa}$$

となる．太い管の平均流速 u_2 は，連続の式より，

$$u_2 = \frac{A_1}{A_2}u_1 = \left(\frac{d_1}{d_2}\right)^2 u_1 = \left(\frac{0.1}{0.2}\right)^2 \times 0.010 = 2.5 \times 10^{-3}\,\mathrm{m/s}$$

となる．急拡大管について，細い管および太い管のレイノルズ数 Re は，それぞれ，

$$Re_1 = 0.100 \times \frac{0.01}{1 \times 10^{-6}} = 1000, \qquad Re_2 = 0.200 \times \frac{0.0025}{1 \times 10^{-6}} = 500$$

となり，いずれも 2300 以下であるから層流である．よって，急拡大管の圧力損失 Δp_e は，

$$\begin{aligned}
\Delta p_e &= \lambda_1 \frac{l_1}{d_1}\frac{\rho u_1{}^2}{2} + \lambda_2 \frac{l_2}{d_2}\frac{\rho u_2{}^2}{2} + \left(1 - \frac{A_1}{A_2}\right)^2 \frac{\rho u_1{}^2}{2} \\
&= \frac{64}{Re_1}\frac{l_1}{d_1}\frac{\rho u_1{}^2}{2} + \frac{64}{Re_2}\frac{l_2}{d_2}\frac{\rho u_2{}^2}{2} + \Delta p_{ee} \\
&= \frac{64}{1000} \times \frac{0.572}{0.100} \times \frac{1000 \times 0.01^2}{2} + \frac{64}{500} \times \frac{0.572}{0.200} \times \frac{1000 \times 0.0025^2}{2} + 0.0281 \\
&= 0.0475\,\mathrm{Pa}
\end{aligned}$$

となる．一方，ディフューザについては，開き角度 2θ が，$2\theta \fallingdotseq 5°$ であるので，$\zeta_d \fallingdotseq 0.14$ と見積もれる．よって，ディフューザの圧力損失 Δp_d は，$\Delta p_d = \zeta_d \rho u_1{}^2/2 = 0.14 \times 1000 \times 0.01^2/2 = 7.0 \times 10^{-3}\,\mathrm{Pa}$ となる．したがって，両者の比をとると，ディフューザの場合に対する急拡大管の場合の圧力損失は，約 7 倍（$= 0.0475/0.007$）となる．

7.8 等価直径 D_e および平均流速 u は，

$$D_e = \frac{2BH}{B+H} = 2 \times \frac{0.02 \times 0.01}{0.02 + 0.01} = 0.0133\,\mathrm{m}, \qquad u = \frac{Q}{A} = \frac{100 \times 10^{-3}/60}{0.02 \times 0.01} = 8.33\,\mathrm{m/s}$$

となり，レイノルズ数 Re は，$Re = D_e u/\nu = 0.0133 \times 8.33/(15 \times 10^{-6}) = 7.40 \times 10^3$ となるので，流れは乱流である．管摩擦係数 λ は，ブラジウスの式を用いると，

$$\lambda = \frac{0.3164}{Re^{1/4}} = \frac{0.3164}{(7.40 \times 10^3)^{1/4}} = 0.0341$$

となる．したがって，損失ヘッド h は，

$$h = \lambda \frac{l}{D_e}\frac{u^2}{2g} = 0.0341 \times \frac{10}{0.0133} \times \frac{8.33^2}{2 \times 9.81} = 90.7\,\mathrm{m}$$

となり，圧力損失 Δp は，次式となる．

$$\Delta p = \rho g h = 1.20 \times 9.81 \times 90.7 = 1.07 \times 10^3\,\mathrm{Pa} = 1.07\,\mathrm{kPa}$$

第8章

8.1 （1）ストローハル数の定義式より，$f = St\,U/d = 0.2 \times 20/0.3 = 13.3\,\mathrm{Hz}$ となる．

（2）クッタ・ジューコフスキーの定理より，$L = -\rho U \Gamma l$ となる．循環 Γ は，円柱表面の周速度 V_θ の線積分から求めると，$\Gamma = \pi d V_\theta$ となる．また周速度は，$V_\theta = r\omega = d/2 \times 2\pi n/60 = \pi n d/60$ となる．したがって，L は次式となる．

$$\begin{aligned}
L &= -\rho U \times \pi d \times \frac{\pi n d}{60} \times l = -\frac{\rho \pi^2 U d^2 n l}{60} \\
&= -\frac{1.2 \times \pi^2 \times 20 \times 0.3^2 \times 3000 \times 6}{60} = 6395.5\,\mathrm{N}
\end{aligned}$$

8.2 ニュートンの粘性法則より，壁面せん断応力 τ_w は，

$$\tau_w = \mu\left(\frac{du}{dy}\right)_{y=0} = \mu\left\{\frac{dU\left[\frac{2y}{\delta} - \left(\frac{y}{\delta}\right)^2\right]}{dy}\right\}_{y=0} = \mu\left\{U\left[\frac{2}{\delta} - 2\left(\frac{y}{\delta^2}\right)\right]\right\}_{y=0}$$

$$= 2\mu\frac{U}{\delta} = 2 \times 1.3 \times 10^{-3} \times \frac{6}{12} \times 10^{-3} = 1.30\,\text{Pa}$$

となる．ここで，$\eta = y/\delta$ とおくと，速度分布は，$u/U = 2\eta - \eta^2$ と書きなおすことができる．さらに，$y = 0$ のとき $\eta = 0$，$y = \delta$ のとき $\eta = 1$ であり，また $d\eta/dy = 1/\delta$ より，$dy = \delta\,d\eta$ となる．したがって，排除厚さ δ^* は，

$$\delta^* = \int_0^\delta \left(1 - \frac{u}{U}\right) dy = \int_0^1 (1 - 2\eta + \eta^2)\delta\,d\eta = \delta\left[\eta - \eta^2 + \frac{1}{3}\eta^3\right]_0^1 = \frac{\delta}{3}$$

$$= \frac{12}{3} = 4\,\text{mm}$$

となる．運動量厚さ θ も同様に，次式となる．

$$\theta = \int_0^\delta \left[\frac{u}{U} - \left(\frac{u}{U}\right)^2\right] dy = \int_0^1 [2\eta - \eta^2 - (2\eta - \eta^2)^2]\delta\,d\eta$$

$$= \int_0^1 (2\eta - 5\eta^2 + 4\eta^3 - \eta^4)\delta\,d\eta = \delta\left[\eta^2 - \frac{5}{3}\eta^3 + \eta^4 - \frac{1}{5}\eta^5\right]_0^1$$

$$= 2\frac{\delta}{15} = 2 \times \frac{12}{15} = 1.6\,\text{mm}$$

8.3 表 8.2 では，$l/d = 5$ のとき $C_D = 0.76$，$l/d = 10$ のとき $C_D = 0.80$ となっている．そこで，線形補間によって $l/d = 7$ の抗力係数を求めると，$C_D = 0.776$ となる．また，長さ $l = 175\,\text{cm}$，アスペクト比 7 の円柱の直径は，$d = 175/7 = 25\,\text{cm}$ である．したがって，抗力は，次式となる．

$$D = C_D\frac{1}{2}\rho U^2 ld = 0.776 \times 0.5 \times 1.23 \times 40^2 \times 1.75 \times 0.25 = 334.1\,\text{N}$$

8.4 沈降する懸濁粒子には，上向きに浮力 F_b と抗力 D が，下向きに重力 F_g がはたらいている．沈降する際には，これらの力が釣り合った状態の終端速度 U_0 で沈降していく．水が完全に澄むためには，時刻 $t = 0$ において水面に存在した懸濁粒子が，池の底に到達する必要がある．したがって，求める時間 T は，懸濁粒子が速度 U_0 で深さ L 沈降するのにかかる時間となる．懸濁粒子にはたらく力は，それぞれ，

$$F_b = \rho_w V g, \qquad D = C_D\frac{1}{2}\rho_w U_0^2 A, \qquad F_g = s\rho_w V g$$

となる．ただし，V および A は，それぞれ懸濁粒子（球）の体積 $V = (4/3)\pi(d/2)^3$ および投影面積 $A = \pi(d/2)^2$ である．また，ストークスの抵抗法則を仮定すると，$C_D = 24/Re = 24\mu_w/(\rho_w U_0 d)$ となる．力の釣り合いは，$F_b + D = F_g$ となるので，これらの関係式から U_0 を求めると，$U_0 = \rho_w g(s-1)d^2/(18\mu_w)$ となる．したがって，時間 T は，

$$T = \frac{L}{U_0} = 18\mu_w\frac{L}{\rho_w g(s-1)d^2}$$

$$= 18 \times 1.3 \times 10^{-3} \times \frac{2}{1000 \times 9.8 \times (3-1)(8 \times 10^{-6})^2} = 3.731 \times 10^4 \, \text{s} = 10.36 \, \text{h}$$

となる. ストークスの抵抗法則は, レイノルズ数が非常に小さい（$Re < 1$）場合の球に適用できる. しかし, 本問では終端速度 U_0 が与えられていないので, 懸濁粒子のレイノルズ数は確認できない. そこで解答時には, $Re < 1$ を仮定して, ストークスの抵抗法則を用いて U_0 を求めた. したがって, 当初の仮定が妥当であったか, 求めた U_0 を用いて検討する必要がある. すなわち,

$$Re = \rho_w \frac{dU_0}{\mu_w} = \frac{\rho_w{}^2 d^3 g(s-1)}{18\mu_w{}^2}$$

$$= 1000^2 \times (8 \times 10^{-6})^3 \times 9.8 \times \frac{3-1}{18 \times (1.3 \times 10^{-3})^2} = 3.3 \times 10^{-4} \ll 1$$

であるから, Re は十分に小さく, ストークスの抵抗法則を使用することはできる.

8.5 ハンググライダーにはたらく揚力 $L = C_L(1/2)\rho V^2 S$ が, ハンググライダーと人間にはたらく重力 $F_g = (m + W)g$ より大きくなれば離陸できる. よって, つぎのように求められる.

$$C_L \frac{1}{2} \rho V^2 S > (m + W)g$$

$$V > \sqrt{\frac{2(m+W)g}{C_L \rho S}} = \sqrt{\frac{2 \times (20 + 60) \times 9.8}{0.85 \times 1.25 \times 16}} = 9.60 \, \text{m/s}$$

参考文献

[1]　伊藤英覚・本田　睦：大学講義 流体力学，丸善出版，1981.

[2]　大橋秀雄：流体力学(1)，コロナ社，1982.

[3]　松尾一泰：流体の力学 水力学と粘性・完全流体力学の基礎，理工学社，2007.

[4]　杉山　弘・遠藤　剛・新井隆景：流体力学 第 2 版，森北出版，2014.

[5]　杉山　弘：圧縮性流体力学，森北出版，2014.

[6]　中山泰喜：新編 流体の力学，養賢堂，2011.

[7]　豊倉富太郎・亀本喬司：流体力学，実教出版，1976.

[8]　島　章・小林陵二：大学講義 水力学，丸善出版，1980.

[9]　日野幹雄：流体力学，朝倉書店，1992.

[10]　中林功一・伊藤基之・鬼頭修己：機械系大学講義シリーズ 流体力学の基礎(1)，コロナ社，1993.

[11]　深野　徹：機械工学選書 わかりたい人の流体工学(I)，裳華房，1994.

[12]　須藤浩三・長谷川富市・白樫正高：流体の力学，コロナ社，1994.

[13]　望月　修：図解 流体工学，朝倉書店，2002.

[14]　山根隆一郎：機械工学基礎コース 流れの工学，丸善出版，2003.

[15]　佐藤恵一・木村繁男・上野久儀・増山　豊：流れ学，朝倉書店，2004.

[16]　前川　博・山本　誠・石川　仁：例題でわかる基礎・演習 流体力学，共立出版，2005.

[17]　久保田浪之介：絵とき 流体力学 基礎のきそ，日刊工業新聞社，2008.

[18]　金原　粲（監修）：専門基礎ライブラリー流体力学 シンプルにすれば「流れ」がわかる，実教出版，2009.

[19]　西海孝夫：図解はじめて学ぶ流体の力学，日刊工業新聞社，2010.

[20]　中林功一・山口健二：図解による わかりやすい流体力学，森北出版，2010.

[21]　井口　學・西原一嘉・横谷眞一郎：演習 流体工学 基礎数学完全マスター，電気書院，2010.

[22]　F.M. White, Fluid Mechanics, 8th Edition, McGraw-Hill, 2008.

[23]　日本流体力学会：流体力学シリーズ 4 流れの可視化，朝倉書店，1996.

[24]　日本機械学会：流れ―写真集，丸善出版，1984.

[25]　最新！鉄道の科学，洋泉社，2018.

[26]　日本機械学会：JSME テキストシリーズ 流体力学，丸善出版，2011.

[27]　日本機械学会：機械工学便覧 基礎編 α4 流体工学，丸善出版，2006.

[28]　日本機械学会：機械実用便覧（改訂第 6 版），丸善出版，1990.

[29]　日本油空圧学会：新版 油空圧便覧，オーム社，1989.

[30]　日本機械学会：技術資料 管路・ダクトの流体抵抗，丸善出版，1979.

索　引

著者略歴

杉山　弘（すぎやま・ひろむ）
　1967 年　金沢大学工学部機械工学科卒業
　1972 年　東北大学大学院工学研究科博士課程修了
　1972 年　室蘭工業大学機械工学科講師
　1988 年　室蘭工業大学機械工学科教授
　2010 年　室蘭工業大学名誉教授　現在に至る
　著書：流体力学 第 2 版（共著），森北出版，2014
　　　　圧縮性流体力学，森北出版，2014

松村　昌典（まつむら・まさのり）
　1987 年　北海道大学大学院工学研究科博士課程修了
　1987 年　北見工業大学応用機械工学科講師
　1989 年　北見工業大学応用機械工学科助教授
　2008 年　北見工業大学機械工学科准教授
　　　　　　現在に至る

河合　秀樹（かわい・ひでき）
　1983 年　慶應義塾大学大学院工学研究科修士課程修了
　1983 年　鐘淵化学工業株式会社入社
　1997 年　室蘭工業大学機械システム工学科助教授
　2008 年　室蘭工業大学機械システム工学科教授
　2009 年　室蘭工業大学大学院工学研究科もの創造系領域教授
　　　　　　現在に至る

風間　俊治（かざま・としはる）
　1988 年　横浜国立大学大学院工学研究科博士前期課程修了
　1988 年　横浜国立大学工学部生産工学科助手
　1994 年　室蘭工業大学機械システム工学科助教授
　2005 年　室蘭工業大学機械システム工学科教授
　2009 年　室蘭工業大学大学院工学研究科もの創造系領域教授
　　　　　　現在に至る

編集担当　加藤義之（森北出版）
編集責任　上村紗帆（森北出版）
組　版　　ブレイン
印　刷　　丸井工文社
製　本　　同

明解入門 流体力学 第 2 版
　　　　　　　　　　© 杉山　弘・松村昌典・河合秀樹・風間俊治　2020

2012 年 3 月 30 日　第 1 版第 1 刷発行　　【本書の無断転載を禁ず】
2019 年 8 月 30 日　第 1 版第 7 刷発行
2020 年 11 月 25 日　第 2 版第 1 刷発行
2024 年 2 月 10 日　第 2 版第 5 刷発行

編著者　　杉山　弘
発行者　　森北博巳
発行所　　森北出版株式会社
　　　　　東京都千代田区富士見 1-4-11（〒102-0071）
　　　　　電話 03-3265-8341／FAX 03-3264-8709
　　　　　https://www.morikita.co.jp/
　　　　　日本書籍出版協会・自然科学書協会　会員
　　　　　JCOPY ＜（一社）出版者著作権管理機構　委託出版物＞

Printed in Japan／ISBN978-4-627-67412-7